水利工程管理与施工技术研究

王禹苏 张 浩 李振友 著

吉林科学技术出版社

图书在版编目（ＣＩＰ）数据

水利工程管理与施工技术研究 / 王禹苏，张浩，李振友著． -- 长春：吉林科学技术出版社，2023.3
ISBN 978-7-5744-0341-3

Ⅰ．①水… Ⅱ．①王… ②张… ③李… Ⅲ．①水利工程管理－研究②水利工程－工程施工－研究 Ⅳ．①TV6 ②TV52

中国国家版本馆 CIP 数据核字(2023)第 066132 号

水利工程管理与施工技术研究

著	王禹苏　张　浩　李振友
出 版 人	宛　霞
责任编辑	高千卉
封面设计	南昌德昭文化传媒有限公司
制　　版	南昌德昭文化传媒有限公司
幅面尺寸	185mm×260mm
开　　本	16
字　　数	295 千字
印　　张	13.75
印　　数	1-1500 册
版　　次	2023 年 3 月第 1 版
印　　次	2024 年 1 月第 1 次印刷

出　　版	吉林科学技术出版社
发　　行	吉林科学技术出版社
地　　址	长春市南关区福祉大路 5788 号出版大厦 A 座
邮　　编	130118
发行部电话/传真	0431—81629529　81629530　81629531
	81629532　81629533　81629534
储运部电话	0431-86059116
编辑部电话	0431-81629510
印　　刷	廊坊市印艺阁数字科技有限公司

书　　号	ISBN 978-7-5744-0341-3
定　　价	95.00 元

版权所有　翻印必究　举报电话：0431—81629508

《水利工程管理与施工技术研究》编审会

王禹苏	张　浩	李振友	姚爱珍	梅　滨
李晓杰	花　卉	崔建忠	宫　亮	许　超
易绍林	时培赫	连振超	印　浩	梁　倩
居　强	赵　兵	施昌州	刘　章	宋怡斌
佘小光	化　君	余能海	王　晔	顾静艳
夏单平	章飞飞	张国银	彭　莘	徐金丽

《水利工程管理与施工技术研究》
编审会

前言

水利工程对社会发展、生态重建和经济建设等各项事业有着重要作用。水利工程对提升区域经济发展水平及人民生活水平具有重要的意义,甚至和整我国社会的发展情况息息相关。水利工程的标准化管理可以实现对整个工程各项资源的优化配置,进而提升工程的效率及效益。

本书从水利工程管理的基础介绍入手,针对水利工程施工组织管理、施工安全管理、施工成本与合同管理、工程资料整编进行了分析研究;另外对岩基处理方法、防渗墙、砂砾石地基处理、灌注桩工程做了一定的介绍;还对混凝土坝工程施工技术与水闸工程施工技术做了研究。本书结构合理,条理清晰,内容丰富新颖,能对水利工程组织管理与施工技术方面的研究起到一定的促进作用,是一本值得学习研究的著作。可供从事相关工作的教学、科研、技术人员参考,也可以作为高等院校相关专业的高职高专、本科生、研究生的教材或参考书。

在本书的策划和撰写过程中,曾参阅了国内外有关的大量文献和资料,从中得到启示;同时也得到了有关领导、同事、朋友及学生的大力支持与帮助。在此致以衷心的感谢!本书的选材和撰写还有一些不尽如人意的地方,加上作者学识水平和时间所限,书中难免存在缺点和谬误,敬请同行专家及读者指正,以便进一步完善提高。

目录 CONTENTS

第一章　水利工程概述 …………………………………………………………… 001
　　第一节　水利工程基本知识 ………………………………………………… 001
　　第二节　水利工程的发展 …………………………………………………… 008
第二章　水利工程施工组织管理 ………………………………………………… 019
　　第一节　建设施工项目管理 ………………………………………………… 019
　　第二节　水利工程建设程序 ………………………………………………… 036
　　第三节　水利工程施工组织 ………………………………………………… 037
　　第四节　水利工程进度控制 ………………………………………………… 041
第三章　水利工程施工安全管理 ………………………………………………… 045
　　第一节　水利工程安全生产监督管理 ……………………………………… 045
　　第二节　水利工程施工安全管理 …………………………………………… 055
　　第三节　水利工程安全文明施工要求与措施 ……………………………… 069
第四章　水利工程施工成本、合同管理 ………………………………………… 075
　　第一节　水利工程施工成本管理 …………………………………………… 075
　　第二节　水利工程施工合同管理 …………………………………………… 086
第五章　工程资料整编 …………………………………………………………… 101
　　第一节　工程施工资料 ……………………………………………………… 101
　　第二节　工程档案验收 ……………………………………………………… 108
　　第三节　工程档案移交与管理 ……………………………………………… 110
第六章　水利工程地基处理 ……………………………………………………… 118
　　第一节　岩基处理方法 ……………………………………………………… 118
　　第二节　防渗墙 ……………………………………………………………… 127
　　第三节　砂砾石地基处理 …………………………………………………… 137
　　第四节　灌注桩工程 ………………………………………………………… 143

第七章　混凝土坝工程施工技术 ……………………………………………… 153
  第一节　施工组织计划 ……………………………………………… 153
  第二节　碾压混凝土施工 …………………………………………… 166
  第三节　混凝土水闸施工 …………………………………………… 177
  第四节　大体积混凝土的温度控制 ………………………………… 182

第八章　水闸工程施工技术 …………………………………………………… 189
  第一节　水闸工程施工基础知识 …………………………………… 189
  第二节　水闸工程的施工工程 ……………………………………… 192

参考文献 ………………………………………………………………………… 210

第一章 水利工程概述

第一节 水利工程基本知识

一、分类

按目的或服务对象可分为：防止洪水灾害的防洪工程；防止旱、涝、渍灾为农业生产服务的农田水利工程，也称灌溉和排水工程；将水能转化为电能的水力发电工程；改善和创建航运条件的航道和港口工程；为工业和生活用水服务，并处理和排除污水和雨水的城镇供水和排水工程；防止水土流失和水质污染，维护生态平衡的水土保持工程和环境水利工程；保护和增进渔业生产的渔业水利工程；围海造田，满足工农业生产或交通运输需要的海涂围垦工程等。一项水利工程同时为防洪、灌溉、发电、航运等多种对象服务的，称为综合利用水利工程。

蓄水工程指水库和塘坝（不包括专为引水、提水工程修建的调节水库），按大、中、小型水库和塘坝分别统计。

引水工程指从河道、湖泊等地表水体自流引水的工程（不包括从蓄水、提水工程中引水的工程），按大、中、小型规模分别统计。提水工程指利用扬水泵站从河道、湖泊等地表水体提水的工程（不包括从蓄水、引水工程中提水的工程），按大、中、小型规模分别统计。调水工程指水资源一级区或独立流域之间的跨流域调水工程，蓄、引、提工程中均不包括调水工程的配套工程。地下水源工程指利用地下水的水井工程，按浅层地下水和深层承压水分别统计。

二、特点

(一) 有很强的系统性和综合性

单项水利工程是同一流域,同一地区内各项水利工程的有机组成部分。这些工程既相辅相成,又相互制约,单项水利工程自身往往是综合性的,各服务目标之间既紧密联系,又相互矛盾。水利工程和国民经济的其他部门也是紧密相关的。规划设计水利工程必须从全局出发,系统地、综合地进行分析研究,才能得到最为经济合理的优化方案。

(二) 对环境有很大影响

水利工程不仅通过其建设任务对所在地区的经济和社会发生影响,而且对江河、湖泊以及附近地区的自然面貌、生态环境,甚至对区域气候,都将产生不同程度的影响。这种影响有利有弊,规划设计时必须对这种影响进行充分估计,努力发挥水利工程的积极作用,减轻其消极影响。

(三) 工作条件复杂

水利工程中各种水工建筑物都是在难以确切把握的气象、水文、地质等自然条件下进行施工和运行的,它们又多承受水的推力、浮力、渗透力、冲刷力等的作用,工作条件较其他建筑物更为复杂。

(四) 工程的效益具有随机性

根据每年水文状况不同而效益不同,农田水利工程还与气象条件的变化有密切联系。

(五) 工程程序的标准性

一般规模大,技术复杂,工期较长,投资多,兴建时必须按照基本建设程序和有关标准进行。

三、可供水量

可供水量分为单项工程可供水量与区域可供水量。一般来说,区域内相互联系的工程之间,具有一定的补偿和调节作用,区域可供水量不是区域内各单项工程可供水量相加之和。区域可供水量是由新增工程与原有工程所组成的供水系统，根据规划水平年的需水要求，经过调节计算后得出。

（一）区域可供水量

区域可供水量是由若干个单项工程、计算单元的可供水量组成。区域可供水量，一般通过建立区域可供水量预测模型进行。在每个计算区域内，将存在相互联系的各类水利工程组成一个供水系统，按一定的原则和运行方式联合调算。联合调算要注意避免重复计算供水量。对于区域内其他不存在相互联系的工程则按单项工程方法计算。可供水量计算主要采用典型年法，来水系列资料比较完整的区域，也可采用长系列调算法进行可供水量计算。

（二）蓄水工程

指水库和塘坝（不包括专为引水、提水工程修建的调节水库），按大、中、小型水库和塘坝分别统计。

（三）提水工程

指利用扬水泵站从河道、湖泊等地表水体提水的工程（不包括从蓄水、引水工程中提水的工程），按大、中、小型规模分别统计。

（四）调水工程

指水资源一级区或独立流域之间的跨流域调水工程，蓄、引、提工程中均不包括调水工程的配套工程。

（五）地下水源工程

指利用地下水的水井工程，按浅层地下水和深层承压水分别统计。

（六）地下水利用

研究地下水资源的开发和利用，使之更好地为国民经济各部门（如城市给水、工矿企业用水、农业用水等）服务。农业上的地下水利用，就是结合改良土壤以及农牧业给水合理开发与有效地利用地下水进行灌溉或排灌。必须根据地区的水文地质条件、水文气象条件和用水条件，进行全面规划。

在对地下水资源进行评价和摸清可开采量的基础上，制订开发计划与工程措施。在地下水利用规划中要遵循以下原则：（1）充分利用地面水，合理开发地下水，做到地下水和地面水统筹安排；（2）应根据各含水层的补水能力，确定各层水井数目和开采量，做到分层取水，浅、中、深结合，合理布局；（3）必须与旱涝碱咸的治理结合，统一规划，做到既保障灌溉，又降低地下水位、防碱防渍；既开采了地下水，又腾空了地下库容；使汛期能存蓄降雨和地面径流，并为治涝治碱创造条件。在利用地下水的过程中，还须加强管理，避免盲目开采而引起不良后果。

1. 浅层地下水

指与当地降水、地表水体有直接补排关系的潜水和与潜水有紧密水力联系的弱承压水。

2. 其他水源工程

包括集雨工程、污水处理再利用和海水利用等供水工程。

3. 集雨工程

指用人工收集储存屋顶

四、组成

无论是治理水害或开发水利，都需要通过一定数量的水工建筑物来实现。按照功用，水工建筑物大体分为三类：（1）挡水建筑物；（2）泄水建筑物；（3）专门水工建筑物。由若干座水工建筑物组成的集合体称水利枢纽。

（一）挡水建筑物

阻挡或拦束水流、拥高或调节上游水位的建筑物，一般横跨河道者称为坝，沿水流方向在河道两侧修筑者称为堤。坝是形成水库的关键性工程。近代修建的坝，大多数是采用当地土石料填筑的土石坝或用混凝土灌筑的重力坝，它依靠坝体自身的重量维持坝的稳定。当河谷狭窄时，可采用平面上呈弧线的拱坝。在缺乏足够筑坝材料时，可采用钢筋混凝土的轻型坝（俗称支墩坝），但它抵抗地震作用的能力和耐久性都较差。砌石坝是一种古老的坝，不易机械化施工，主要用于中小型工程。大坝设计中要解决的主要问题是坝体抵抗滑动或倾覆的稳定性、防止坝体自身的破裂和渗漏。土石坝或砂、土地基，防止渗流引起的土颗粒移动破坏（即所谓"管涌"和"流土"）占有更重要的地位。在地震区建坝时，还要注意坝体或地基中浸水饱和的无黏性砂料，在地震时发生强度突然消失而引起滑动的可能性，即所谓"液化现象"（见砂土液化）。

（二）泄水建筑物

能从水库安全可靠地放泄多余或需要水量的建筑物。历史上曾有不少土石坝，因洪水超过水库容量而漫顶造成溃坝。为保证土石坝的安全，必须在水利枢纽中设河岸溢洪道，一旦水库水位超过规定水位，多余水量将经由溢洪道泄出。混凝土坝有较强的抗冲刷能力，可利用坝体过水泄洪，称溢流坝。修建泄水建筑物，关键是要解决好消能和防蚀、抗磨问题。泄出的水流一般具有较大的动能和冲刷力，为保证下游安全，常利用水流内部的撞击和摩擦消除能量，如水跃或挑流消能等。当流速大于每秒10~15米时，泄水建筑物中行水部分的某些不规则地段可能出现所谓空蚀破坏，即由高速水流在临近边壁处引起的真空穴所造成的破坏。防止空蚀的主要方法是尽量采用流线形体形，提高压力或降低流速，采用高强材料以及向局部地区通气等。多泥沙河流或当水中夹带有石渣时，还必须解决抵抗磨损的问题。

（三）专门水工建筑物

除上述两类常见的一般性建筑物外，为某一专门目的或为完成某一特定任务所设的建筑物称专门水工建筑物。渠道是输水建筑物，多数用于灌溉和引水工程。当遇高山挡路，可盘山绕行或开凿输水隧洞穿过；如与河、沟相交，则需设渡槽或倒虹吸，此外还有同桥梁、涵洞等交叉的建筑物。水力发电站枢纽按其厂房位置和引水方式有河床式、坝后式、引水道式和地下式等。水电站建筑物主要有集中水位落差的引水系统，防止突然停车时产生过大水击压力的调压系统，水电站厂房以及尾水系统等。通过水电站建筑物的流速一般较小，但这些建筑物往往承受着较大的水压力，因此，许多部位要用钢结构。水库建成后大坝阻拦了船只、木筏、竹筏以及鱼类回游等的原有通路，对航运和养殖的影响较大。为此，应专门修建过船、过筏、过鱼的船闸、筏道和鱼道。这些建筑物具有较强的地方性，修建前要做专门研究。

五、规划

水利工程规划的目的是全面考虑、合理安排地面和地下水资源的控制、开发和使用方式，最大限度地做到安全、经济、高效。水利工程规划要解决的问题大体有以下几个方面：根据需要和可能确定各种治理和开发目标，按照当地的自然、经济和社会条件选择合理的工程规模，制定安全、经济、运用管理方便的工程布置方案。因此，应首先做好被治理或开发河流流域的水文和水文地质方面的调查研究工作，掌握水资源的分布状况。

工程地质资料是水利工程规划中必须先行研究的又一重要内容，以判别修建工程的可能性和为水工建筑物选择有利的地基条件并研究必要的补强措施。水库是治理河流和开发水资源中普遍应用的工程形式。在深山峡谷或丘陵地带，可利用天然地形构成的盆地储存多余的或暂时不用的水，供需要时引用。因此，水库的作用主要是调节径流分配，提高水位，集中水面落差，以便为防洪、发电、灌溉、供水、养殖和改善下游通航创造条件。为此，在规划阶段，须沿河道选择适当的位置或盆地的喉部，修建挡水的拦河大坝以及向下游宣泄河水的水工建筑物。在多泥沙河流，常因泥沙淤积使水库容积逐年减少，因此还要估计水库寿命或配备专门的冲沙、排沙设施。

现代大型水利工程，很多具有综合开发治理的特点，故常称"综合利用水利枢纽工程"。

它往往兼顾了所在流域的防洪、灌溉、发电、通航、河道治理和跨流域的引水或调水，有时甚至还包括养殖、给水或其他开发目标。然而，要制止水患开发水利，除建设大型骨干工程外，还要建设大量的中小型水利工程，从面上控制水情并保证大型工程得以发挥骨干效用。防止对周围环境的污染，保持生态平衡，也是水利工程规划中必须研究的重要课题。由此可见，水利工程不仅是一门综合性很强的科学技术，而且还受到社会、经济甚至政治因素的制约。

六、发展

我国人均水资源并不丰富，且时空分布不均，这决定了我国是一个水旱灾害频繁而严重的国家。随着水利工程行业竞争的不断加剧，大型水利工程企业间并购整合与资本运作日趋频繁，国内优秀的水利工程企业愈来愈重视对行业市场的研究，特别是对企业发展环境和客户需求趋势变化的进行深入研究。正因为如此，一大批国内优秀的水利工程企业迅速崛起，逐渐成为水利工程行业中的翘楚！

七、展望

当前世界多数国家出现人口增长过快，可利用水资源不足，城镇供水紧张，能源短缺，生态环境恶化等重大问题，都与水有密切联系。水灾防治、水资源的充分开发利用成为当代社会经济发展的重大课题。水利工程的发展趋势主要是：（1）防治水灾的工程措施与非工程措施进一步结合，非工程措施越来越占重要地位；（2）水资源的开发利用进一步向综合性、多目标发展；（3）水利工程的作用，不仅要满足日益增长的人民生活和工农业生产发展的需要，而且要更多地为保护和改善环境服务；（4）大区域、大范围的水资源调配工程，如跨流域引水工程，将进一步发展；（5）由于新的勘探技术、新的分析计算和监测试验手段以及新材料、新工艺的发展，复杂地基和高水头水工建筑物将随之得到发展，当地材料将得到更广泛的应用，水工建筑物的造价将会进一步降低；（6）水资源和水利工程的统一管理、统一调度将逐步加强。

研究防止水患、开发水利资源的方法及选择和建设各项工程设施的科学技术。主要是通过工程建设，控制或调整天然水在空间和时间的分布，防止或减少旱涝洪水灾害，合理开发和充分利用水利资源，为工农业生产和人民生活提供良好的环境和物质条件。水利工程包括排水灌溉工程（又称农田水利工程）、水土保持工程、治河工程、防洪工程、跨流域的调水工程、水力发电工程和内河航道工程等。其他如养殖工程、给水和排水工程、海岸工程等，虽和水利工程有关，但现常被列为土木工程的其他分支或其他专门性的工程学科。水利工程原是土木工程的一个分支，随着水利工程自身的发展，逐渐形成自己的特点，以及在国民经济中的地位日益重要，已成为一门相对独立的技术学科，但仍和土木工程的许多分支保持着密切的联系。

八、建设

水利工程的施工有许多地方和其他土木工程类同。导流问题是水利工程施工中的重要环节，常常控制着工程进度。在宽阔河道，一般采用分段围堰的方法，先在河道一侧围出基坑进行这一段拦河闸坝的施工，河水由另一侧通过。这一侧完工后，便转移至另一侧施工，河水从已建的部分建筑物通过。用围堰拦截水流强令其转移至已建工程通过，称为截流。此外，还有采用河岸泄水隧洞或坝身底孔导流，这些洞和孔有时专为施工期的导流而设，但也可在施工完毕后留作永久泄水设施。

水利工程的施工周期一般都较长，短则1~2年，长则5~10年。水利工程的安危常关系到国计民生，工程建成后如不妥善管理，不仅不能积极发挥应有的效用，而且会带来不幸和灾难。运营管理工作中最主要的是监测、维修和科学地使用。为此，每个水利工程一般都设有专门的运营管理机构，它是管理单位，又是生产单位。一个大型综合利用水利枢纽工程，往往和国民经济中的若干部门有关。为更有效地发挥工程作用和充分、经济、合理、安全地利用水力资源，必须加强协调和统一指挥。

第二节 水利工程的发展

一、我国古代水利工程

(一) 芍陂

芍陂,又称安丰塘,据传由楚相孙叔敖主持修建。工程位于今安徽寿县南,属淮河淠河水系。与都江堰、漳河渠、郑国渠并称为我国古代四大水利工程。

芍陂,是我国有记载可考的早期平原水库之一,但是灌溉面积缺记载。其工程效益一直延续到现代。新中国成立后成为淠史杭大型灌溉工程的重要组成部分。

(二) 邗沟

邗沟,今里运河。位于江苏扬州—淮阴段,沟通长江和淮河。邗沟是我国有记载可考的第一条人工运河,沟通江、淮两大水系,是南北大运河的最早人工河段。

(三) 引漳十二渠

引漳十二渠,位于河北临漳。属海河漳河水系。古代伟大的无神论者西门豹破除"河伯娶妇"残害人民的迷信,兴水利,除水害,引漳灌溉。

(四) 鸿沟

位于河南荥阳。属于黄河—淮河水系。鸿沟沟通黄淮两大水系,西汉时又名荥阳漕渠,东汉至北宋改称汴河。从荥阳引黄,东南流为鸿沟,航运兼灌溉。其范围约包括今豫东、鲁西南、皖北、苏西北等地区。

(五) 都江堰

位于四川灌县。属长江岷江水系。都江堰是秦代劳动人民在法家路线影响下兴修的一项灌溉、防洪、航运的综合利用工程。经历代劳动人民维修,一直发挥工程效益。灌溉面积增大三百多万亩。新中国成立后,经过当地人民的扩建维修,灌溉面积已达七百多万亩。

（六）郑国渠

位于陕西泾阳、白水。属于黄河泾河—洛河水系。郑国渠在秦代法家路线影响下，建成的西引泾水、东注洛河长达三百余里的大型灌溉渠。当时灌溉"四万余顷"，相当现在的一百一十五万余亩，一说为二百八十万亩。

（七）灵渠

位于广西兴安。属长江、珠江、漓江水系。灵渠是在秦代法家路线的影响下，沟通长江、珠江两大水系的人工运河。

（八）关中漕渠

位于陕西西安、潼关。属于黄河渭河水系。关中漕渠在西汉法家路线影响下，由劳动人民"水工"徐伯勘测定线，以渭河为主要水源，从长安沿终南山北麓，东达黄河，长达三百余里的人工运河，沿河居民并用以灌田。

（九）汉延渠

位于宁夏永宁、银川。属黄河水系。汉延渠在西汉法家路线影响下，"朔方、西河"（包括今宁夏地区），"通渠置田"，引黄灌溉。后又"浚渠为屯田"。有"汉延"之名。其灌区规模均不详。

（十）汉渠

又称汉伯渠。位于陕西吴忠。属黄河水系。汉渠在西汉法家路线影响下，约与汉伯渠同时，开渠引黄灌溉。当时规模不详。

（十一）龙首渠

又称井渠。位于陕西澄城、蒲城。属黄河、洛河水系。龙首渠在西汉法家路线影响下，引洛灌溉，因渠线通过黄土高原，明挖容易引起塌方，劳动人民创造了"井渠"——沿渠线挖若干竖井，"深者四十余丈"，井与井之间挖成隧道，"井下相通行水"。这项施工方法传到新疆，发展成为"坎儿井"。伊朗和中亚细亚等地区，也曾应用这种地下井渠（奇雅里吉）灌溉。

（十二）白渠

位于陕西泾阳、高陵。属黄河、泾河、渭河水系。白渠在西汉法家路线影响下，"穿渠引泾水"，渠长二百里，灌田三十多万亩，扩大了原有郑国渠的灌溉面积。当时流传的民歌："泾水一石，其泥数斗，且溉且粪，长我禾黍。衣食京师，亿万之口"。歌颂了郑、白两渠的效益。

（十三）镜湖

又名鑑湖。位于浙江绍兴。属钱塘江杭州湾水系。镜湖是我国东南地区早期灌溉水库，灌田相当现代六十多万亩。工程设施是，"筑塘蓄水高丈余"，便于排除田间积水。并防止海潮侵袭。能灌能排，在之后大约八百年中发挥效益。

（十四）戾陵遏

又名车箱渠。位于北京通县。属永定河、白河水系。戾陵遏是北京地区历史上第一个大型水利工程。在曹操法家路线影响下，在今石景山南麓筑坝（戾陵遏）引永定河水进入灌渠（车箱渠），全长百余里，灌田七十多万亩，尾水注入白河。这个工程屡经维修，曾陆续使用了三百年。

（十五）海塘

位于东海杭州湾。我国东南沿海挡御海潮、保障生产的大型石堤工程，全长约二百公里。海塘建筑起始于汉，具体年代已不可考。直至18世纪末，全部大修，即具有现在海塘的规模。

（十六）大运河

又名京杭运河。位于北京、河北、天津、山东、江苏、浙江。属海河、黄河、淮河、长江、钱塘江水系。大运河是我国古代伟大的水利工程。全长一千七百公里。它大部分利用自然河道、湖泊，并在部分地区加以人工开挖，逐步发展而成。运河只在淮阴清口以北穿黄北上，不再借黄行运。大运河的建设和通航，体现了我国劳动人民征服自然的伟大力量和智慧。在历史上对文化、经济等方面，贡献巨大。

二、水利工程建设

(一) 我国的水利工程建设

我国是一个水旱灾害频繁发生的国家,从一定意义上说,中华民族五千年的文明史也是一部治水史,兴水利、除水害历来是治国安邦的大事。新中国成立后,党和国家高度重视水利工作,领导全国各族人民开展了波澜壮阔的水利建设,取得了举世瞩目的巨大成就。

新中国成立之初,我国大多数江河处于无控制或控制程度很低的自然状态,水资源开发利用水平低下,农田灌排设施极度缺乏,水利工程残破不全。70多年来,围绕防洪、供水、灌溉等,除害兴利,开展了大规模的水利建设,初步形成了大中小微结合的水利工程体系,水利面貌发生了根本性变化。

1. 大江大河干流防洪减灾体系基本形成

七大江河基本形成了以骨干枢纽、河道堤防、蓄滞洪区等的工程措施,与水文监测、预警预报、防汛调度指挥等非工程措施相结合的大江大河干流防洪减灾体系,其他江河治理步伐也明显加快。

2. 水资源配置格局逐步完善

通过兴建水库等蓄水工程,解决水资源时间分布不均问题;通过跨流域和跨区域引调水工程,解决水资源空间分布不均问题。目前,我国初步形成了蓄引提调相结合的水资源配置体系。随着南水北调工程的建设,我国"四横三纵、南北调配、东西互济"的水资源配置格局将逐步形成。全国水利工程年供水能力较新中国成立初增加6倍多,城乡供水能力大幅度提高,中等干旱年份可以基本保证城乡供水安全。

3. 农田灌排体系初步建立

新中国成立以来,开展了大规模的农田水利建设,大力发展灌溉面积,提高低洼易涝地区的排涝能力,农田灌排体系初步建立。为保障国家粮食安全做出了重大贡献。

4. 水土资源保护能力得到提高

在水土流失防治方面,以小流域为单元,山水田林路村统筹,采取工程措施、生物措施和农业技术措施进行综合治理,对长江、黄河上中游等水土流失严重地区实施了重点治理,充分利用大自然的自我修复能力,在重点区域实施封育保护。

三、加快水利发展的对策措施

把水利作为国家基础设施建设的优先领域,把农田水利作为农村基础设施建设的重点任务,把严格水资源管理作为加快转变经济发展方式的战略举措,实现水利跨越式发展。今后一段时间,应按照科学发展的要求,推进传统水利向现代水利、可持续发展水利转变,大力发展民生水利,突出加强重点薄弱环节建设,强化水资源管理,深化水利改革,保障国家防洪安全、供水安全、粮食安全和生态安全,以水资源的可持续利用支撑经济社会可持续发展。

(一)突出防洪重点薄弱环节建设,保障防洪安全

在继续加强大江大河大湖治理的同时,加快推进防洪重点薄弱环节建设,不断完善我国防洪减灾体系。

1. 加快推进中小河流治理

我国中小河流治理任务繁重,应根据江河防洪规划,按照轻重缓急,加快治理。流域面积3000平方公里以上的大江大河主要支流、独流入海河流和内陆河流,对流域和区域防洪影响较大,应进行系统治理,提高整体防洪能力。流域面积在200~3000平方公里的中小河流数量众多,系统治理投资巨大,近期应选择洪涝灾害易发、保护区人口密集、保护对象重要的河段进行重点治理,使治理河段达到国家规定的防洪标准。

2. 尽快消除水库安全隐患

水库大坝安全事关人民群众生命财产安全,必须尽快消除安全隐患。近年来,国家投入大量资金,基本完成了大中型病险水库除险加固。当前,应重点对面广量大的小型病险水库进行除险加固,力争用五年时间基本完成除险加固任务。同时,应特别重视水库的管护,明确责任,落实管护人员和经费,防止因管理不善、维修养护不到位再次成为病险水库。

3. 提高山洪灾害防御能力

山洪灾害易发区分布范围广,灾害突发性强、破坏性大。应按照以防为主、防治结合的原则,根据全国山洪灾害防治规划,尽快在山洪灾害易发地区建成监测预警系统和群测群防体系,提高预警预报能力,做到转移避让及时;对山洪灾害重点防治区中灾害发生风险较高、居民集中且有治理条件的山洪沟逐步开展治理,因地制宜地采取各种工程措施消除安全隐患;对于危害程度高、治理难度大的地区,应结合生态移民和新农村建设,实施搬迁避让。

4. 搞好重点蓄滞洪区建设

为确保蓄滞洪区及时、有效运用，应加快使用频繁、洪水风险较高、防洪作用突出的蓄滞洪区建设。近期重点是加快淮河行蓄洪区、长江和海河重要蓄滞洪区建设，通过围堤加固、进退洪工程和避洪安全设施建设，改善蓄滞洪区运用条件；同时，在有条件的地区，积极引导和鼓励居民外迁。逐步建成较为完备的防洪工程体系和生命财产安全保障体系，实现洪水"分得进、蓄得住、退得出"，为蓄滞洪区内群众致富奔小康创造条件。

在加快防洪工程建设的同时，应高度重视防洪非工程措施建设，完善水文监测体系和防汛指挥系统，提高洪水预警预报和指挥调度能力；加强河湖管理，防止侵占河湖、缩小洪水调蓄和宣泄空间，避免人为增加洪水风险；在确保防洪安全的前提下，科学调度，合理利用洪水资源，增加水资源可利用量，改善水生态环境。

（二）加强水资源配置工程建设，保障供水安全

当前，应针对我国水资源供需矛盾突出的问题，在强化节水的前提下，通过加强水资源配置工程建设，提高水资源在时间和空间上的调配能力，保障经济社会发展用水需求。

1. 尽快形成国家水资源配置格局

抓紧完成南水北调东、中线一期工程建设，争取早日发挥效益；同时，应积极推进南水北调东中线后续工程和西线工程前期论证工作，深入研究有关重大技术问题，为尽快形成国家水资源配置格局、提高北方地区水资源承载能力奠定基础。

2. 完善重点区域水资源调配体系

根据国家总体发展战略和区域经济发展布局，建设一批支撑重点区域发展的水资源调配工程。对于工程性缺水地区，积极有序地推进水库建设，大中小微、蓄引提调相结合，提高水资源调配能力。对于资源性缺水地区，要在充分考虑当地水资源条件和大力节水的前提下，合理建设跨流域、跨区域调水工程，促进区域经济社会发展与水资源承载能力相协调。同时，应强化流域水量统一调度，实现水资源的科学管理、合理配置、高效利用和有效保护。

3. 加快抗旱应急备用水源建设

面对严重干旱，水利部门加强了水源调度和技术服务与指导等措施，确保了群众饮水安全、扩大了抗旱浇灌面积，最大限度地减轻了灾害损失。为更好地应对干旱，应抓紧制定抗旱规划，统筹常规水源和抗旱水源建设，特别要加快干旱易发区、粮食

主产区以及城镇密集区的抗旱应急备用水源建设，做好地下水涵养和储备，提高应对特大干旱、连续干旱和突发性供水安全事件的能力。同时，要加大再生水、海水等非常规水源的利用。

4. 继续推进农村饮水安全工程建设

我国农村饮水安全工程的覆盖范围还不全，加之现有工程许多是分散供水，工程标准低，以及水源条件变化等原因，农村饮水安全问题仍然很突出。应将解决干旱带农村饮水安全问题列为重点，继续加快农村饮水安全工程建设，有条件的地方应积极推进集中式供水，能与城镇供水管网相连的，实行城乡一体化供水，提高供水保证率，尽快让广大农村居民喝上干净水、放心水。

（三）大兴农田水利建设，保障粮食安全

我国农田水利建设的重点是稳定现有灌溉面积，对灌排设施进行配套改造，提高工程标准，建设旱涝保收农田。同时，大力推进农业高效节水，在有条件的地方结合水源工程建设，扩大灌溉面积。

1. 巩固改善现有灌排设施条件

一方面应重点对大中型灌区进行续建配套与节水改造，恢复和改善灌区骨干渠系的输配水能力，提高灌溉保证率和排涝标准；另一方面应加大田间工程建设力度，对灌区末级渠系进行节水改造，完善田间灌排系统，解决灌区最后一公里的问题，逐步扩大旱涝保收高标准农田的面积。

2. 大力推进农业高效节水灌溉

我国农业用水量大、用水粗放，有很大的节水潜力，应把农业节水作为国家战略。农业高效节水灌溉技术已相当成熟，应科学编制规划，加大高效节水技术的综合集成和推广，因地制宜发展管道输水、喷灌和微灌等先进的高效节水灌溉，优先在水资源短缺地区、生态脆弱地区和粮食主产区集中连片实施，提高用水效率和效益。同时，各级政府应加大农业高效节水的投入，建立一整套促进农业高效节水的产业支持、技术服务、财政补贴等政策措施，推进农业高效节水灌溉良性发展。

3. 科学合理发展农田灌溉面积

我国农田有效灌溉面积发展空间有限。应充分考虑水土资源条件，在国家千亿斤粮食产能规划确定的粮食生产核心区和后备产区，结合水源工程建设，因地制宜发展灌区，科学合理地扩大灌溉面积。同时在西南等山丘区，结合"五小"水利工程建设，发展和改善灌溉面积，提高农业供水保证率。

4. 加强牧区水利建设

大力发展畜牧业是保障国家粮食安全的重要补充，建设灌溉草场和高效节水饲草料地是解决过度放牧，保护草原生态的有效措施。应根据水资源条件，在内蒙古、新疆、青藏高原等牧区发展高效节水灌溉饲草料地，积极推进以灌溉草场建设为主的牧区水利工程建设，提高草场载畜能力，改善农牧民生活生产条件，保护草原生态环境。

（四）推进水土资源保护，保障生态安全

水土资源保护对维持良好的水生态系统具有十分重要的作用。针对我国经济社会发展进程中出现的水生态环境问题，应重点从水土流失综合防治、生态脆弱河湖治理修复、地下水保护等方面，开展水生态保护和治理修复。

1. 加强水土流失防治

首先要立足于防，对重要的生态保护区、水源涵养区、江河源头和山洪地质灾害易发区，严格控制开发建设活动；在容易发生水土流失的其他区域开办生产建设项目，要全面落实水土保持"三同时"制度。其次是治理和修复，对已经形成严重水土流失的地区，以小流域为单元进行综合治理，重点开展坡耕地、侵蚀沟综合整治，从源头上控制水土流失。同时，应充分发挥大自然自我修复能力，在人口密度小、降雨条件适宜、水土流失比较轻微地区，采取封禁保护等措施，促进大范围生态恢复。

2. 推进生态脆弱河湖修复

目前我国水资源过度开发、生态脆弱的河湖还较多，在治理中应充分借鉴塔里木河、黑河、石羊河等流域治理经验，以水资源承载能力为约束，防止无序开发水资源和盲目扩大灌溉面积，严格控制新增用水；对开发过度地区，要通过大力发展农业高效节水、调整种植结构、合理压缩灌溉面积等措施，提高用水效率和效益，合理调配水资源，逐步把挤占的生态环境用水退出来；在流域水资源统一调度和管理中，应充分考虑河流生态需求，保障基本生态环境用水。

3. 实施地下水超采区治理

地下水补给周期长、更新缓慢，一旦遭受破坏恢复困难，同时地下水也是重要的战略资源和抗旱应急水源，须特别加强涵养和保护。应尽快建立地下水监测网络，动态掌握地下水状况。划定限采区和禁采区范围，严格控制地下水开采，防止超采区的进一步扩大和新增。加大超采区治理力度，特别是对南水北调东中线受水区、地面沉降区、滨海海水入侵区等重点地区，应尽快制定地下水压采计划，通过节约用水和替代水源建设，压减地下水开采量；有条件的地区，应利用雨洪水、再生水等回灌地下水。

4. 高度重视水利工程建设对生态环境的影响

今后一个时期，水利建设规模大、类型多，不仅有重点骨干工程，也有面广量大的中小型工程。水利工程建设与生态环境关系密切，在规划编制、项目论证、工程建设以及运行调度等各个环节，都应高度重视对生态环境的保护。在水库建设中，要加强对工程建设方案的比选和优化，尽量减少水库移民和占用耕地，科学制定调度方案，合理配置河道生态基流，最大限度地降低工程对生态环境的不利影响；在河道治理中，应处理好防洪与生态的关系，尽量保持河流的自然形态，注重加强河湖水系的连通，促进水体流动，维护河流健康。

（五）实行以水权为基础的最严格水资源管理制度，保障水资源可持续利用

在全球气候变化和大规模经济开发双重因素的作用下，我国水资源短缺形势更趋严峻，水生态环境压力日益增大。为有效解决水资源过度开发、无序开发、用水浪费、水污染严重等突出问题，必须实行最严格的水资源管理制度，确立水资源开发利用控制、用水效率控制、水功能区限制纳污"三条红线"，改变不合理的水资源开发利用方式，实现从供水管理向需水管理转变，建设节水型社会，保障水资源可持续利用。

1. 建立用水总量控制制度

目前，我国一些地区用水量已经超过了当地水资源承载能力。全国水资源综合规划提出，到2030年，我国用水高峰时总量力争控制在7000亿立方米以内。这一指标是按照可持续发展的要求，综合考虑了我国的水资源条件和经济社会发展、生态环境保护的用水需求确定的，是我国用水总量控制的红线。当前，应按照国家水权制度建设的要求，制定江河水量分配方案，将用水总量逐级分配到各个行政区，明晰初始水权。同时，也要发挥市场配置资源的作用，探索建立水市场，促进水权有序流转。

2. 建立用水效率控制制度

首先应分地区、分行业制定一整套科学合理的用水定额指标体系。目前，我国许多地区虽然制定了一些用水定额指标，但指标体系还不完整，有的定额过宽、过松，难以起到促进提高用水效率的作用。用水定额应根据当地的水资源条件和经济社会发展水平，按照节能减排的要求，综合研究确定。其次，应加强用水定额管理。把用水户定额执行情况作为节水考核的重要依据，建立奖惩制度。应实行严格的用水器具市场准入制度，逐步淘汰不满足用水定额要求的生活生产设施和工艺技术。同时，充分发挥价格杠杆作用，实行超定额用水累进加价制度，鼓励用水户通过技术改造等措施节约用水，提高用水效率。

3. 建立水功能区限制纳污制度

要按照水功能区对水质的要求和水体的自然净化能力，核定该水域的纳污能力。目前，我国一些河湖的入河污染物总量已超出其纳污能力，水污染严重。全国31个省级行政区均已划定了水功能区，初步提出了水域纳污能力和限制排污总量意见。明确水功能区限制纳污红线，建立一整套水功能区限制纳污的管理制度，严格监督管理。对于入河污染物总量已突破水功能区纳污能力的地区，要特别加强水污染治理，下大力气削减污染物排放量，严格限制审批新增取水和入河排污口。

4. 建立水资源管理责任和考核制度

落实最严格的水资源管理制度，关键在于明确责任主体，建立有效的考核评价办法。要把水资源管理责任落实到县级以上地方政府主要负责人，实行严格的问责制。将水资源开发利用、节约保护的主要控制性指标纳入各地经济社会发展综合评价体系，严格考核，考核结果作为地方政府相关领导干部综合考核评价的重要依据。应重视完善水量水质监测体系，提高监控能力，做到主要控制指标可监测、可评价、可考核，为实施最严格的水资源管理提供技术支撑。

（六）建立水利投入稳定增长机制，保障水利跨越式发展

根据水利建设的目标任务，目前，水利投资来源主要有国家预算内固定资产投资、财政专项资金、水利建设基金以及银行贷款等，以财政性资金为主。

要建立水利投入稳定增长机制，由于水利具有很强的公益性、基础性和战略性，因此，应抓紧建立以政府公共财政投入为主，社会投入为补充的水利投入稳定增长机制。一是稳定和提高水利在国家固定资产投资中的比重。二是大幅度增加财政专项水利资金规模。三是进一步充实和完善水利建设基金。四是落实好从土地出让收益中提取10%用于农田水利建设的政策。需要研究提出中央和省级统筹使用部分土地出让收益用于农田水利建设的具体办法，重点向粮食主产区、贫困地区和农田水利建设任务重的地区倾斜。同时，应按照中央一号文件的精神，细化水利建设金融支持、吸引社会资金的政策措施，拓宽水利投融资渠道。此外，针对水利投入大、项目数量多、分布范围广的特点，应特别加大对水利建设资金的监督管理，确保资金安全和使用效益。

依法治水是加快水利改革发展的重要保障。全国人大十分重视水法治建设，构建了我国水法规的基本框架，为依法治水提供了法律依据。但目前节约用水、地下水管理、农田水利、流域综合管理等方面还没有专门的法律法规。建议进一步加强水法规建设，不断完善水法规体系。同时，应继续加快水利工程管理体制改革，建立工程良性运行机制；健全基层水利服务体系，适应日益繁重的农村水利建设和管理的需要；积极推

进水价改革，建立反映水资源稀缺程度、兼顾社会可承受能力和社会公平的水价形成机制，对农业水价，探索建立政府与农民共同负担农业供水成本的机制；推动水利科技创新，力求在水利重大学科理论、关键技术等方面取得新的突破，提高我国水利科技水平。

我国人多水少、水资源时空分布不均的基本国情水情，在今后相当长的一段时期不会改变，随着经济社会的快速发展和全球气候变化的影响，水安全问题将更加突出。应该把水利发展作为一项重大而紧迫的任务，加大投入、加快建设，深化改革、强化管理，不断增强水旱灾害综合防御能力、水资源合理配置和高效利用能力、水土资源保护和河湖健康保障能力以及水利社会管理和公共服务能力，为经济社会可持续发展提供有力保障。

第二章 水利工程施工组织管理

第一节 建设施工项目管理

一、概述

(一)建设项目管理发展历程

1. 古代的建设工程项目管理

建设工程项目的历史悠久,相应的项目管理工作也源远流长。早期的建设工程项目主要包括:房屋建筑(如皇宫、庙宇、住宅等)、水利工程(如运河、沟渠等)、道路桥梁工程、陵墓工程、军事工程(如城墙、兵站)等。古人用自己的智慧与才能,运用当时的工程材料、工程技术和管理方法,创造了一个又一个令后人瞩目的宏伟建筑工程,如我国的万里长城、都江堰水利工程、京杭大运河、北京紫禁城、拉萨的布达拉宫等。这些工程项目至今还发挥着巨大的经济效益和社会效益。从这些宝贵的文化遗产中可以反映出我国早期经济、政治、社会以及工程技术的发展水平,也体现了当时的工程建设管理水平。虽然我们对当时的工程项目管理情况了解甚少,但是它一定具有严密的组织管理体系,具有详细的工期和费用方面的计划和控制,也一定具有严格的质量检验标准和控制手段。由于我国早期科学技术水平和人们认识能力的限制,历史上的建设工程项目管理是经验型的、非系统的,不可能有现代意义上的工程项目管理。因此,古人在建设工程项目组织实施上的做法只能称为"项目管理"的思想雏形。

2. 现代的建设工程项目管理

现代的建设工程项目管理产生于 20 世纪中叶。世界各国的科学技术与经济社会都得到了快速的发展。各国的科学研究项目、国防工程项目和民用工程项目的规模越来越大，应用技术也越来越复杂，所需资源种类越来越多，耗费时间也越来越长，所有这些工程项目的开展势必对建设工程项目管理提出了新的要求。

系统论、信息论、控制论思想的较快发展，这些理论和方法被人们应用于建设工程项目管理中，极大地促进了建设工程项目管理理论与实践的发展。

随着计算机技术逐渐普及，网络计划优化的功能得以发挥，人们开始利用计算机对工期和资源、工期和费用进行优化，以求最佳的管理效果。此外，管理学的成熟理论与方法在建设工程项目管理中也得到了大量的应用，拓宽了建设项目管理的研究领域。

3. 现代建设工程项目管理的特征

（1）内容更加丰富

现代建设工程项目管理内容由原来对项目范围、费用、质量和采购等方面的管理，扩展到对项目的合同管理、人力资源管理、项目组织管理、沟通协调管理、项目风险管理和信息管理等。

（2）强调整体管理

从前期的项目决策、项目计划、实施和变更控制到项目的竣工验收与运营，涵盖了建设工程项目寿命周期的全过程。

（3）管理技术更加科学

现代建设项目管理从管理技术手段上，更加依赖计算机技术和互联网技术，更加及时地吸收工程技术进步与管理方法创新的最新成果。

（4）应用范围更广泛

建设工程项目管理的应用，已经从传统的土木工程、军事方面扩展到航空航天、环境工程、公用工程、各类企业研发工程以及资源性开发项目和政府投资的文教、卫生、社会事业等工程项目管理领域。

（二）建设项目管理趋势

随着人类社会在经济、技术、社会和文化等各方面的发展，建设工程项目管理理论与知识体系的逐渐完善，在工程项目管理方面出现了以下新的发展趋势。

1. 建设工程项目管理的国际化

随着经济全球化的逐步深入，工程项目管理的国际化已经形成潮流。工程项目的国际化要求项目按国际惯例进行管理。按国际惯例就是依照国际通用的项目管理程序、准则与方法以及统一的文件形式进行项目管理，使参与项目的各方（不同国家、不同种族、不同文化背景的人及组织）在项目实施中建立起统一的协调基础。

我国加入WTO后，我国的行业壁垒下降、国内市场国际化、国内外市场全面融合，外国工程公司利用其在资本、技术、管理、人才、服务等方面的优势进入我国国内市场，尤其是工程总承包市场，国内建设市场竞争日趋激烈。工程建设市场的国际化必然导致工程项目管理的国际化，这对我国工程管理的发展既是机遇也是挑战。一方面，我国经济日益深刻地融入全球市场，我国的跨国公司和跨国项目越来越多。许多大型项目要通过国际招标、国际咨询或BOT(build-operate-transfer 工程建设模式)等方式运行。这样做不仅可以从国际市场上筹措到资金，加快国内基础设施、能源交通等重大项目的建设，而且可以从国际合作项目中学习到发达国家工程项目管理的先进管理制度与方法。另一方面，入世后根据最惠国待遇和国民待遇准则，我国将获得更多的机会，并能更加容易地进入国际市场。加入WTO后，作为一名成员国，我国的工程建设企业可以与其他成员国企业拥有同等的权利，并享有同等的关税减免待遇，将有更多的国内工程公司从事国际工程承包，并逐步过渡到工程项目自由经营。国内企业可以走出国门在海外投资和经营项目，也可在海外工程建设市场上竞争，锻炼队伍培养人才。

2. 建设工程项目管理的信息化

伴随着计算机和互联网走进人们的工作与生活，以及知识经济时代的到来，工程项目管理的信息化已成必然趋势。作为当今更新速度最快的计算机技术和网络技术在企业经营管理中普及应用的速度迅猛，而且呈现加速发展的态势。这给项目管理带来很多新的生机，在信息高度膨胀的今天，工程项目管理越来越依赖于计算机和网络，无论是工程项目的预算、概算、工程的招标与投标、工程施工图设计、项目的进度与费用管理、工程的质量管理、施工过程的变更管理、合同管理，还是项目竣工决算都离不开计算机与互联网，工程项目的信息化已成为提高项目管理水平的重要手段。目前西方发达国家的一些项目管理公司已经在工程项目管理中运用了计算机与网络技术，开始实现了项目管理网络化、虚拟化。另外，许多项目管理公司也开始大量使用工程项目管理软件进行项目管理，同时还从事项目管理软件的开发研究工作。为此，21世纪的工程项目管理将更多地依靠计算机技术和网络技术，新世纪的工程项目管理必将成为信息化管理。

3. 建设工程项目全寿命周期管理

建设工程项目全寿命周期管理就是运用工程项目管理的系统方法、模型、工具等对工程项目相关资源进行系统的集成，对建设工程项目寿命期内各项工作进行有效的整合，并达成工程项目目标和实现投资效益最大化的过程。

建设工程项目全寿命周期管理是将项目决策阶段的开发管理，实施阶段的项目管理和使用阶段的设施管理集成为一个完整的项目全寿命周期管理系统，是对工程项目实施全过程的统一管理，使其在功能上满足设计需求，在经济上可行，达到业主和投资人的投资收益目标。所谓项目全寿命周期是指从项目前期策划、项目目标确定，直至项目终止、临时设施拆除的全部时间年限。建设工程项目全寿命周期管理既要合理确定目标、范围、规模、建筑标准等，又要使项目在既定的建设期限内，在规划的投资范围内，保质保量地完成建设任务，确保所建设的工程项目满足投资商、项目的经营者和最终用户的要求；还要在项目运营期间，对永久设施物业进行维护管理、经营管理，使工程项目尽可能创造最大的经济效益。这种管理方式是工程项目更加面对市场，直接为业主和投资人服务的集中体现。

4. 建设工程项目管理专业化

现代工程项目投资规模大、应用技术复杂、涉及领域多、工程范围广泛的特点，带来了工程项目管理的复杂性和多变性，对工程项目管理过程提出了更新更高的要求。因此，专业化的项目管理者或管理组织应运而生。在项目管理专业人士方面，通过IPMP（国际项目管理专业资质认证）和PMP（国际资格认证）认证考试的专业人员就是一种形式。在我国工程项目领域的执业咨询工程师、监理工程师、造价工程师、建造师，以及在设计过程中的建设工程师、结构工程师等，都是工程项目管理人才专业化的形式。而专业化的项目管理组织—工程项目（管理）公司是国际工程建设界普遍采用的一种形式。除此之外，工程咨询公司、工程监理公司、工程设计公司等也是专业化组织的体现。可以预见，随着工程项目管理制度与方法的发展，工程管理的专业化水平还会有更大的提高。

二、施工项目管理

施工项目管理是施工企业对施工项目进行有效的控制，主要特征包括：一是施工项目管理者是建筑施工企业，他们对施工项目全权负责；二是施工项目管理的对象是施工项目，具有时间控制性，也就是施工项目有运作周期；三是施工项目管理的内容是按阶段变化的。根据建设阶段及要求的变化，管理的内容具有很大的差异；四是施工项目管理要求强化组织协调工作，主要是强化项目管理班子，优选项目经理，科学地组织施工并运用现代化的管理方法。

在施工项目管理的全过程中，为了取得各阶段目标和最终目标的实现，在进行各项活动中，必须加强管理工作。

（一）建立施工项目管理组织

（1）由企业采用适当的方式选聘称职的施工项目经理。（2）根据施工项目组织原则，选用适当的组织形式，组建施工项目管理机构，明确责任、权利和义务。（3）在遵守企业规章制度的前提下，根据施工项目管理的需要，制订施工项目管理制度。

项目经理作为企业法人代表的代理人，对工程项目施工全面负责，一般不准兼管其他工程，当其负责管理的施工项目临近竣工阶段且经建设单位同意，可以兼任另一项工程的项目管理工作。项目经理通常由企业法人代表委派或组织招聘等方式确定。项目经理与企业法人代表之间需要签订工程承包管理合同，明确工程的工期、质量、成本、利润等指标要求和双方的责、权、利以及合同中止处理、违约处罚等项内容。

项目经理以及各有关业务人员组成、人数根据工程规模大小而定。各成员由项目经理聘任或推荐确定，其中技术、经济、财务主要负责人需经企业法人代表或其授权部门同意。项目领导班子成员除了直接受项目经理领导，实施项目管理方案外，还要按照企业规章制度接受企业主管职能部门的业务监督和指导。

项目经理应有一定的职责，如贯彻执行国家和地方的法律、法规；严格遵守财经制度、加强成本核算；签订和履行项目管理目标责任书；对工程项目施工进行有效控制等。项目经理应有一定的权力，如参与投标和签订施工合同；用人决策权；财务决策权；进度计划控制权；技术质量决定权；物资采购管理权；现场管理协调权等。项目经理还应获得一定的利益，如物质奖励及表彰等。

（二）项目经理的地位

项目经理是项目管理实施阶段全面负责的管理者，在整个施工活动中有举足轻重的地位。确定施工项目经理的地位是搞好施工项目管理的关键。

第一，从企业内部看，项目经理是施工项目实施过程中所有工作的总负责人，是项目管理的第一责任人。从对外方面来看，项目经理代表企业法定代表人在授权范围内对建设单位直接负责。由此可见，项目经理既要对有关建设单位的成果性目标负责，又要对建筑业企业的效益性目标负责。

第二，项目经理是协调各方面关系，使之相互紧密协作与配合的桥梁与纽带。要承担合同责任、履行合同义务、执行合同条款、处理合同纠纷、受法律的约束和保护。

第三，项目经理是各种信息的集散中心。通过各种方式和渠道收集有关的信息，并运用这些信息，达到控制的目的，使项目获得成功。

第四，项目经理是施工项目责、权、利的主体。这是因为项目经理是项目中人、财、物、技术、信息和管理等所有生产要素的管理人。项目经理首先是项目的责任主体，是实现项目目标的最高责任者。责任是实现项目经理责任制的核心，它构成了项目经理工作的压力，也是确定项目经理权力和利益的依据。其次，项目经理必须是项目的权力主体。权力是确保项目经理能够承担起责任的条件和手段、如果不具备必要的权力，项目经理就无法对工作负责。项目经理还必须是项目利益的主体。利益是项目经理工作的动力。如果没有一定的利益，项目经理就不愿负相应的责任，难以处理好国家、企业和职工的利益关系。

（三）项目经理的任职要求

项目经理的任职要求包括执业资格的要求、知识方面的要求、能力方面的要求和素质方面的要求。

1. 执业资格的要求

项目经理要经过有关部门培训、考核和注册，获得《全国建筑施工企业项目经理培训合格证》或《建筑施工企业项目经理资质证书》才能上岗。

项目经理的资质分为一、二、三、四级。其中：

一级项目经理应担任过一个一级建筑施工企业资质标准要求的工程项目，或两个二级建筑施工企业资质标准要求的工程项目施工管理工作的主要负责人，并已取得国家认可的高级或者中级专业技术职称。

二级项目经理应担任过两个工程项目，其中至少一个为二级建筑施工企业资质标准要求的工程项目施工管理工作的主要负责人，并已取得国家认可的中级或初级专业技术职称。

三级项目经理应担任过两个工程项目，其中至少一个为三级建筑施工企业资质标准要求的工程项目施工管理工作的主要负责人，并已取得国家认可的中级或初级专业技术职称。

四级项目经理应担任过两个工程项目，其中至少一个为四级建筑施工企业资质标准要求的工程项目施工管理工作的主要负责人，并已取得国家认可的初级专业技术职称。

项目经理承担的工程规模应符合相应的项目经理资质等级。一级项目经理可承担一级资质建筑施工企业营业范围内的工程项目管理；二级项目经理可承担二级以下（含二级）建筑施工企业营业范围内的工程项目管理；三级项目经理可承担三级以下（含三级）建筑企业营业范围内的工程项目管理；四级项目经理可承担四级建筑施工企业营业范围内的工程项目管理。

项目经理每两年接受一次项目资质管理部门的复查。项目经理达到上一个资质等级条件的，可随时提出升级的要求。

2. 知识方面的要求

通常项目经理应接受过大专、中专以上相关专业的教育，必须具备专业知识，如土木工程专业或其他专业工程方面的专业，一般应是某个专业工程方面的专家，否则很难被人们接受或很难开展工作。项目经理还应受过项目管理方面的专门培训或再教育，掌握项目管理的知识。作为项目经理需要的广博的知识，能迅速解决工程项目实施过程中遇到的各种问题。

3. 能力方面的要求

项目经理应具备以下几方面的能力：

（1）必须具有一定的施工实践经历和按规定经过一段实践锻炼，特别是对同类项目有成功的经历。对项目工作有成熟的判断能力、思维能力和随机应变的能力。（2）具有很强的沟通能力、激励能力和处理人事关系的能力，项目经理要靠领导艺术、影响力和说服力而不是靠权力和命令行事。（3）有较强的组织管理能力和协调能力。能协调好各方面的关系，能处理好与业主的关系。（4）有较强的语言表达能力，有谈判技巧。（5）在工作中能发现问题，提出问题，能够从容地处理紧急情况。

4. 素质方面的要求

（1）项目经理应注重工程项目对社会的贡献和历史作用。在工作中能注重社会公德，保证社会的利益，严守法律和规章制度。（2）项目经理必须具有良好的职业道德，将用户的利益放在第一位，不牟私利，必须有工作的积极性、热情和敬业精神。（3）具有创新精神，务实的态度，勇于挑战，勇于决策，勇于承担责任和风险。（4）敢于承担责任，特别是有敢于承担错误的勇气，言行一致，正直，办事公正、公平，实事求是。（5）能承担艰苦的工作，任劳任怨，忠于职守。（6）具有合作的精神，能与他人共事，具有较强的自我控制能力。

（四）项目经理的责、权、利

1. 项目经理的职责

（1）贯彻执行国家和地方政府的法律制度，维护企业的整体利益和经济利益。法规和政策，执行建筑业企业的各项管理制度。（2）严格遵守财经制度，加强成本核算，积极组织工程款回收，正确处理国家、企业和项目及单位个人的利益关系。（3）签订和组织履行"项目管理目标责任书"，执行企业与业主签订的"项目承包合同"中由项目经理负责履行的各项条款。（4）对工程项目施工进行有效控制，执行有关技术规范和标准，积极推广应用新技术、新工艺、新材料和项目管理软件集成系统，确保工程质量和工期，实现安全、文明生产，努力提高经济效益。（5）组织编制施工管理规划及目标实施措施，组织编制施工组织设计并实施之。（6）根据项目总工期的要求编制年度进度计划，组织编制施工季（月）度施工计划，包括劳动力、材料、构件及机械设备的使用计划，签订分包及租赁合同并严格执行。（7）组织制定项目经理部各类管理人员的职责和权限、各项管理制度，并认真贯彻执行。（8）科学地组织施工和加强各项管理工作。做好内、外各种关系的协调，为施工创造优越的施工条件。（9）做好工程竣工结算，资料整理归档，接受企业审计并做好项目经理部解体与善后工作。

2. 项目经理的权力

为了保证项目经理完成所担负的任务，必须授予相应的权力。项目经理应当有以下权力：

（1）参与企业进行施工项目的投标和签订施工合同。（2）用人决策权。项目经理应有权决定项目管理机构班子的设置，选择、聘任班子内成员，对任职情况进行考核监督、奖惩，乃至辞退。（3）财务决策权。在企业财务制度规定的范围内，根据企业法定代表人的授权和施工项目管理的需要，决定资金的投入和使用，决定项目经理部的计酬方法。（4）进度计划控制权。根据项目进度总目标和阶段性目标的要求，对项目建设的进度进行检查、调整，并在资源上进行调配，从而对进度计划进行有效的控制。（5）技术质量决策权。根据项目管理实施规划或施工组织设计，有权批准重大技术方案和重大技术措施，必要时召开技术方案论证会，把好技术决策关和质量关，防止技术上决策失误，主持处理重大质量事故。（6）物资采购管理权。按照企业物资分类和分工，对采购方案、目标、到货要求，以及对供货单位的选择、项目现场存放策略等进行决策和管理。（7）现场管理协调权。代表公司协调与施工项目有关的内外部关系，有权处理现场突发事件，事后及时报公司主管部门。

3. 项目经理的利益

施工项目经理最终的利益是其行使权力和承担责任的结果，也是市场经济条件下责、权、利、效相互统一的具体体现。项目经理应享有以下的利益：

（1）获得基本工资、岗位工资和绩效工资。（2）在全面完成"项目管理目标责任书"确定的各项责任目标，交工验收交结算后，接受企业考核和审计，可获得规定的物质奖励外，还可获得表彰、记功、优秀项目经理等荣誉称号和其他精神奖励。（3）经考核和审计，未完成"项目管理目标责任书"确定的责任目标或造成亏损的，按有关条款承担责任，并接受经济或行政处罚。

项目经理责任制是指以项目经理为主体的施工项目管理目标责任制度，用以确保项目履约，用以确立项目经理部与企业、职工三者之间的责、权、利关系。项目经理开始工作之前由建筑业企业法人或其授权人与项目经理协商、编制"项目管理目标责任书",双方签字后生效。

项目经理责任制是以施工项目为对象,以项目经理全面负责为前提,以"项目管理目标责任书"为依据,以创优质工程为目标,以求得项目的最佳经济效益为目的,实行的一次性、全过程的管理。

(五) 项目经理责任制的特点

1. 项目经理责任制的作用

实行项目管理必须实现项目经理责任制。项目经理责任制是完成建设单位和国家对建筑业企业要求的最终落脚点。因此,必须规范项目管理,通过强化建立项目经理全面组织生产诸要素优化配置的责任、权力、利益和风险机制,更有利于对施工项目、工期、质量、成本、安全等各项目标实施强有力的管理,使项目经理有动力和压力,也有法律依据。

项目经理责任制的作用如下:

(1)明确项目经理与企业和职工三者之间的责、权、利、效关系。(2)有利于运用经济手段强化对施工项目的法制管理。(3)有利于项目规范化、科学化管理和提高产品质量。(4)有利于促进和提高企业项目管理的经济效益和社会效益。

2. 项目经理责任制的特点

(1)对象终一性。以工程施工项目为对象,实行施工全过程的全面一次性负责。(2)主体直接性。在项目经理负责的前提下,实行全员管理,指标考核、标价分离、项目核算,确保上缴集约增效、超额奖励的复合型指标责任制。(3)内容全面性。根据先进、合理、可行的原则,以保证工程质量、缩短工期、降低成本、保证安全和文明施工等各项指标为内容的全过程的目标责任制。(4)责任风险性。项目经理责任制充分体现了"指标突出、责任明确、利益直接、考核严格"的基本要求。

(六) 项目经理责任制的原则和条件

1. 项目经理责任制的原则

(1)实事求是

实事求是的原则就是从实际出发,做到具有先进性、合理性、可行性。不同的工程和不同的施工条件,其承担的技术经济指标不同,不同职称的人员实行不同的岗位责任,不追求形式。

（2）兼顾企业、责任者、职工三者的利益

企业的利益放在首位，维护责任者和职工个人的正当利益，避免人为的分配不公，切实贯彻按劳分配、多劳多得的原则。

（3）责、权、利、效统一

尽到责任是项目经理责任制的目标，以"责"授"权"、以"权"保"责"，以"利"激励尽"责"。"效"是经济效益和社会效益，是考核尽"责"水平的尺度。

（4）重在管理

项目经理责任制必须强调管理的重要性。因为承担责任是手段，效益是目的，管理是动力。没有强有力的管理，"效益"不易实现。

2. 项目经理责任制的条件

实施项目经理责任制应具备下列条件：

（1）工程任务落实、开工手续齐全、有切实可行的施工组织设计。（2）各种工程技术资料齐全、劳动力及施工设施已配备，主要原材料已落实并能按计划提供。（3）有一个懂技术、会管理、敢负责的人才组成的精干、得力的高效的项目管理班子。（4）赋予项目经理足够的权力，并明确其利益。（5）企业的管理层与劳务作业层分开。

（七）项目管理目标责任书

在项目经理开始工作之前，由建筑业企业法定代表人或其授权人与项目经理协商，制定"项目管理目标责任书"，双方签字后生效。

1. 编制项目管理目标责任书的依据

（1）项目的合同文件。（2）企业的项目管理制度。（3）项目管理规划大纲。（4）建筑业企业的经营方针和目标。

2. 项目管理目标责任书的内容

（1）项目的进度、质量、成本、职业健康安全与环境目标。（2）企业管理层与项目经理部之间的责任、权利和利益分配。（3）项目需用的人力、材料、机械设备和其他资源的供应方式。（4）法定代表人向项目经理委托的特殊事项。（5）项目经理部应承担的风险。（6）企业管理层对项目经理部进行奖惩的依据、标准和方法。（7）项目经理解职和项目经理部解体的条件及办法。

（八）项目经理部的作用

项目经理部是施工项目管理的工作班子，置于项目经理的领导之下。在施工项目管理中有以下作用：

第一，项目经理部在项目经理的领导下，作为项目管理的组织机构，负责施工项目从开工到竣工的全过程施工生产的管理，是企业在某一工程项目上的管理层，同时对作业层负有管理与服务的双重职能。

第二，项目经理部是项目经理的办事机构，为项目经理决策提供信息依据，当好参谋。同时又要执行项目经理的决策意图，向项目经理负责。

第三，项目经理部是一个组织体，其作用包括：完成企业所赋予的基本任务——项目管理与专业管理等。要具有凝聚管理人员的力量并调动其积极性，促进管理人员的合作；协调部门之间、管理人员之间的关系，发挥每个人的岗位作用；贯彻项目经理责任制，搞好管理；做好项目与企业各部门之间、项目经理部与作业队之间、项目经理部与建设单位、分包单位、材料和构件供方等的信息沟通。

第四，项目经理部是代表企业履行工程承包合同的主体，对项目产品和业主全面、全过程负责；通过履行合同主体与管理实体地位的影响力，使每个项目经理部成为市场竞争的成员。

（九）项目经理部建立原则

（1）要根据所选择的项目组织形式设置项目经理部。不同的组织形式对施工项目管理部的管理力量和管理职责提出了不同的要求，同时也提供了不同的管理环境。（2）要根据施工项目的规模、复杂程度和专业特点设置项目经理部。项目经理部规模大、中、小的不同，职能部门的设置相应不同。（3）项目经理部是一个弹性的、一次性的管理组织，应随工程任务的变化而进行调整。工程交工后项目经理部应解体，不应有固定的施工设备及固定的作业队伍。（4）项目经理部的人员配置应面向施工现场，满足施工现场的计划与调度、技术与质量、成本与核算、劳务与物资、安全与文明施工的需要，而不应设置研究与发展、政工与人事等与项目施工关系较少的非生产性管理部门。（5）应建立有益于组织运转的管理制度。

（十）项目经理部的机构设置

项目经理部的部门设置和人员的配置与施工项目的规模和项目的类型有关，要能满足施工全过程的项目管理，成为全体履行合同的主体。

项目经理部一般应建立工程技术部、质量安全部、生产经营部、物资（采购）部及综合办公室等。复杂及大型的项目还可设机电部。项目经理部人员由项目经理、生产或经营副经理、总工程师及各部门负责人组成。管理人员持证上岗。一级项目部由

30~45人组成,二级项目部由20~30人组成,三级项目部由10~20人组成,四级项目部由5~10人组成。

项目经理部的人员实行一职多岗、一专多能、全部岗位职责覆盖项目施工全过程的管理,不留死角,以避免职责重叠交叉,同时实行动态管理,根据工程的进展程度,调整项目的人员组成。

(十一)项目经理部的管理制度

项目经理部管理制度应包括以下各项:
(1)项目管理人员岗位责任制度。(2)项目技术管理制度。(3)项目质量管理制度。(4)项目安全管理制度。(5)项目计划、统计与进度管理制度。(6)项目成本核算制度。(7)项目材料、机械设备管理制度。(8)项目现场管理制度。(9)项目分配与奖励制度。(10)项目例会及施工日志制度。(11)项目分包及劳务管理制度。(12)项目组织协调制度。(13)项目信息管理制度。

项目经理部自行制定的管理制度应与企业现行的有关规定保持一致。如项目部根据工程的特点、环境等实际内容,在明确适用条件、范围和时间后自行制定的管理制度,有利于项目目标的完成,可作为例外批准执行。项目经理部自行制定的管理制度与企业现行的有关规定不一致时,应报送企业或其授权的职能部门批准。

(十二)项目经理部的建立步骤和运行

1. 项目经理部设立的步骤

(1)根据企业批准的"项目管理规划大纲",确定项目经理部的管理任务和组织形式。(2)确定项目经理部的层次;设立职能部门与工作岗位。(3)确定人员、职责、权限。(4)由项目经理根据"项目管理目标责任书"进行目标分解。(5)组织有关人员制定规章制度和目标责任考核、奖惩制度。

2. 项目经理部的运行

(1)项目经理应组织项目经理部成员学习项目的规章制度,检查执行情况和效果,并应根据反馈信息改进管理。(2)项目经理应根据项目管理人员岗位责任制度对管理人员的责任目标进行检查、考核和奖惩。(3)项目经理部应对作业队伍和分包人实行合同管理,并应加强控制与协调。

（十三）编制施工项目管理规划

施工项目管理规划是对施工项目管理目标、组织、内容、方法、步骤、重点进行预测和决策，做出具体安排的纲领性文件。施工项目管理规划的内容主要如下。

（1）进行工程项目分解，形成施工对象分解体系，以便确定阶段控制目标，从局部到整体地进行施工活动和进行施工项目管理。（2）建立施工项目管理工作体系，绘制施工项目管理工作体系图和施工项目管理工作信息流程图。（3）编制施工管理规划，确定管理点，形成施工组织设计文件，以利于执行。现阶段这个文件便以施工组织设计代替。

（十四）进行施工项目的目标控制

施工项目的目标有阶段性目标和最终目标。实现各项目标是施工项目管理的目的所在，因此应当坚持以控制论理论为指导，进行全过程的科学控制。施工项目的控制目标包括进度控制目标、质量控制目标、成本控制目标、安全控制目标和施工现场控制目标。

在施工项目目标控制的过程中，会不断受到各种客观因素的干扰，各种风险因素随时可能发生，故应通过组织协调和风险管理，对施工项目目标进行动态控制。

（十五）对施工项目的生产要素进行优化配置和动态管理

施工项目的生产要素是施工项目目标得以实现的保证，主要包括劳动力资源、材料、设备、资金和技术（即5M）。生产要素管理的内容如下。

（1）分析各项生产要素的特点。（2）按照一定的原则、方法对施工项目生产要素进行优化配置，并对配置状况进行评价。（3）对施工项目各项生产要素进行动态管理。

（十六）施工项目的合同管理

由于施工项目管理是在市场条件下进行的特殊交易活动的管理，这种交易活动从投标开始，持续于项目实施的全过程，因此必须依法签订合同。合同管理的好坏直接关系到项目管理及工程施工技术经济效果和目标的实现，因此要严格执行合同条款约定，进行履约经营，保证工程项目顺利进行。合同管理势必涉及国内和国际上有关法规和合同文本、合同条件，在合同管理中应予以高度重视。为了取得更多的经济效益，还必须重视索赔，研究索赔方法、策略和技巧。

（十七）施工项目的信息管理

项目信息管理旨在适应项目管理的需要，为预测未来和正确决策提供依据，提高管理水平。项目经理部应建立项目信息管理系统，优化信息结构，实现项目管理信息化。项目信息包括项目经理部在项目管理过程中形成的各种数据、表格、图纸、文字、音像资料等。项目经理部应负责收集、整理、管理本项目范围内的信息。项目信息收集应随工程的进展进行，保证真实、准确。

施工项目管理是一项复杂的现代化的管理活动，要依靠大量信息及对大量信息进行管理。进行施工项目管理和施工项目目标控制、动态管理，必须依靠计算机项目信息管理系统，获得项目管理所需要的大量信息，并使信息资源共享。另外要注意信息的收集与储存，使本项目的经验和教训得到记录和保留，为以后的项目管理提供必要的资料。

（十八）组织协调

组织协调是指以一定的组织形式、手段和方法，对项目管理中产生的关系不畅进行疏通，对产生的干扰和障碍进行排出的活动。

（1）协调要依托一定的组织、形式的手段。（2）协调要有处理突发事件的机制和应变能力。（3）协调要为控制服务，协调与控制的目的，都是保证目标实现。

三、建设项目管理模式

建设项目管理模式对项目的规划、控制、协调起着重要的作用。不同的管理模式有不同的管理特点。目前国内外较为常用的建设工程项目管理模式有：工程建设指挥部模式、传统管理模式、建筑工程管理模式（CM模式）、设计—采购—建造（EPC）交钥匙模式、BOT（建造—运营—移交）模式、设计—管理模式、管理承包模式、项目管理模式、更替型合同模式（NC模式）。其中工程建设指挥部模式是我国计划经济时期最常采用的模式，在今天的市场经济条件下，仍有相当一部分建设工程项目采用这种模式。国际上通常采用的模式是后面的八大管理模式，在八大管理模式中，最常采用的是传统管理模式，目前世界银行、亚洲开发银行以及国际其他金融组织贷款的建设工程项目，包括采用国际惯例FIDIC（国际咨询工程师联合会）合同条件的建设工程项目均采用这种模式。

(一)工程建设指挥部模式

工程建设指挥部是我国计划经济体制下,大中型基本建设项目管理所采用的一种模式,它主要是以政府派出机构的形式对建设项目的实施进行管理和监督,依靠的是指挥部领导的权威和行政手段,因而在行使建设单位的职能时有较大的权威性,决策、指挥直接有效。尤其是有效地解决征地、拆迁等外部协调难题,以及在建设工期要求紧迫的情况下,能够迅速集中力量,加快工程建设进度。

(二)传统管理模式

传统管理模式又称为通用管理模式。采用这种管理模式,业主通过竞争性招标将工程施工的任务发包给或委托给报价合理和最具有履约能力的承包商或工程咨询、工程监理单位,并且业主与承包商、工程师签订专业合同。承包商还可以与分包商签订分包合同。涉及材料设备采购的,承包商还可以与供应商签订材料设备采购合同。

这种模式形成于19世纪,目前仍然是国际上最为通用的模式,世界银行贷款、亚洲开发银行贷款项目和采用国际咨询工程师联合会(F1DIC)的合同条件的项目均采用这种模式。

传统管理模式的优点是:由于应用广泛,因而管理方法成熟,各方对有关程序比较熟悉;可自由选择设计人员,对设计进行完全控制;标准化的合同关系;可自由选择咨询人员;采用竞争性投标。

(三)建筑工程管理模式(CM模式)

采用建筑工程管理模式,是以项目经理为特征的工程项目管理方式,是从项目开始阶段就由具有设计、施工经验的咨询人员参与到项目实施过程中来,以便为项目的设计、施工等方面提供建议。为此,又称为"管理咨询方式"。

建筑工程管理模式的特点,与传统的管理模式相比较,具有的主要优点有以下几个方面。

1. 设计深度到位

由于承包商在项目初期(设计阶段)就任命了项目经理,他可以在此阶段充分发挥自己的施工经验和管理技能,协同设计班子的其他专业人员一起做好设计,提高设计质量,为此,其设计的"可施工性"好,有利于提高施工效率。

2. 缩短建设周期

由于设计和施工可以平行作业,并且设计未结束便开始招标投标,使设计施工等环节得到合理搭接，可以节省时间，缩短工期，可提前运营，提高投资效益。

（四）设计—采购—建造（EPC）交钥匙模式

EPC模式是从设计开始，经过招标，委托一家工程公司对"设计—采购—建造"进行总承包，采用固定总价或可调总价合同方式。

EPC模式的优点是：有利于实现设计、采购、施工各阶段的合理交叉和融合，提高效率，降低成本，节约资金和时间。

EPC模式的缺点是：承包商要承担大部分风险，为减少双方风险，一般均在基础工程设计完成、主要技术和主要设备均已确定的情况下进行承包。

（五）BOT模式

BOT模式即建造—运营—移交模式，它是指东道国政府开放本国基础设施建设和运营市场，吸收国外资金、本国私人或公司资金，授给项目公司特许权，由该公司负责融资和组织建设，建成后负责运营及偿还贷款。在特许期满时将工程移交给东道国政府。

BOT模式作为一种私人融资方式，其优点是：可以开辟新的公共项目资金渠道，弥补政府资金的不足，吸收更多投资者；减轻政府财政负担和国际债务，优化项目，降低成本；减少政府管理项目的负担；扩大地方政府的资金来源，引进外国的先进技术和管理，转移风险。

BOT模式的缺点是：建造的规模比较大，技术难题多，时间长，投资高。东道国政府承担的风险大，较难确定回报率及政府应给予的支持程度，政府对项目的监督、控制难以保证。

（六）国际采用的其他管理模式

1. 设计—管理模式

设计—管理合同通常是指一种类似CM模式但更为复杂的，由同一实体向业主提供设计和施工管理服务的工程管理方式，在通常的CM模式中，业主分别就设计和专业施工过程管理服务签订合同。采用设计—管理合同时，业主只签订一份既包括设计也包括类似CM服务在内的合同。在这种情况下，设计师与管理机构是同一实体。这一实体常常是设计机构与施工管理企业的联合体。

设计—管理模式的实现可以有两种形式：一是业主与设计—管理公司和施工总承包商分别签订合同，由设计—管理公司负责设计并对项目实施进行管理；另一种形式是业主只与设计—管理公司签订合同，由设计公司分别与各个单独的承包商和供应商签订分包合同，由他们施工和供货。这种方式看作是 CM 与设计—建造两种模式相结合的产物，这种方式也常常对承包商采用阶段发包方式以加快工程进度。

2. 管理承包模式

业主可以直接找一家公司进行管理承包，管理承包商与业主的专业咨询顾问（如建筑师、工程师、测量师等）进行密切合作，对工程进行计划管理、协调和控制。工程的实际施工由各个承包商承担。承包商负责设备采购、工程施工以及对分包商的管理。

3. 项目管理模式

目前许多工程日益复杂，特别是当一个业主在同一时间内有多个工程处于不同阶段实施时，所需执行的多种职能超出了建筑师以往主要承担的设计、联络和检查的范围，这就需要项目经理。项目经理的主要任务是自始至终对一个项目负责，这可能包括项目任务书的编制，预算控制，法律与行政障碍的排除，土地资金的筹集，同时使设计者、计量工程师、结构、设备工程师和总承包商的工作协调地、分阶段地进行。在适当的时候引入指定分包商的合同，使业主委托的工作顺利进行。

4. 更替型合同模式（NC 模式）

NC 模式是一种新的项目管理模式，即用一种新合同更替原有合同，而二者之间又有密不可分的联系。业主在项目实施初期委托某一设计咨询公司进行项目的初步设计，当这一部分工作完成（一般达到全部设计要求的 30%~80%）时，业主可开始招标选择承包商，承包商与业主签约时承担全部未完成的设计与施工工作，由承包商与原设计咨询公司签订设计合同，完成后一部分设计。设计咨询公司成为设计分包商，对承包商负责，由承包商对设计进行支付。

这种方式的主要优点是：既可以保证业主对项目的总体要求，又可以保持设计工作的连贯性，还可以在施工详图设计阶段吸收承包商的施工经验，有利于加快工程进度、提高施工质量，还可以减少施工中设计的变更，由承包商更多地承担这一实施期间的风险管理，为业主方减轻了风险，后一阶段由承包商承担了全部设计建造责任，合同管理也比较容易操作。采用 NC 模式，业主方必须在前期对项目有一个周密的考虑，因为设计合同转移后，变更就会比较困难，此外，在新旧设计合同更替过程中要细心考虑责任和风险的重新分配，以免引起纠纷。

第二节 水利工程建设程序

　　水利工程的建设周期长，施工场面布置复杂，投资金额巨大，对国民经济的影响不容忽视。工程建设必须遵守合理的建设程序，才能顺利地按时完成工程建设任务，并且能够节省投资。

　　在计划经济时代，水利工程建设一直沿用自建自营模式。在国家总体计划安排下，建设任务由上级主管单位下达，建设资金由国家拨款。建设单位一般是上级主管单位、已建水电站、施工单位和其他相关部门抽调的工程技术人员和工程管理人员临时组建的工程筹备处或工程建设指挥部。在条块分割的计划经济体制下，工程建设指挥部除了负责工程建设外，还要平衡和协调各相关单位的关系和利益。工程建成后，工程建设指挥部解散。其中一部分人员转变为水电站运行管理人员，其余人员重新回到原单位。这种体制形成于新中国成立初期。那时候国家经济实力薄弱，建筑材料匮乏，技术人员稀缺。集中财力、物力、人力于国家重点工程，对于新中国成立后的经济恢复和繁荣起到了重要作用。随着国民经济的发展和经济体制的转型，原有的这种建设管理模式已经不能适应国民经济的迅速发展，甚至严重地阻碍了国民经济的健康发展。在20世纪90年代后期初步建立了既符合社会主义市场经济运行机制，又与国际惯例接轨的新型建设管理体系。在这个体系中，形成了项目法人责任制、投标招标制和建设监理制三项基本制度。在国家宏观调控下，建立了"以项目法人责任制为主体，以咨询、科研、设计、监理、施工、物供为服务、承包体系"的建设项目管理体制。投资主体可以是国资，也可以是民营或合资，充分调动各方的积极性。

　　项目法人的主要职责是：负责组建项目法人在现场的管理机构；负责落实工程建设计划和资金进行管理、检查和监督；负责协调与项目相关的对外关系。工程项目实行招标投标，将建设单位和设计、施工企业推向市场，达到公平交易、平等竞争。通过优胜劣汰，优化社会资源，提高工程质量，节省工程投资。建设监理制度是借鉴国际上通行的工程管理模式。监理为业主提供费用控制、质量控制、合同管理、信息管理、组织协调等服务。在业主授权下，监理对工程参与者进行监督、指导、协调，使工程在法律、法规和合同的框架内进行。

　　水利工程建设程序一般分为项目建议书、可行性研究、初步设计、施工准备（包括投标设计）、建设实施、生产准备、竣工验收、后评价等阶段。根据国民经济总体要求，项目建议书在流域规划的基础上，提出工程开发的目标和任务，论证工程开发的必要性。可行性研究阶段，对工程进行全面勘测、设计，进行多方案比较，提出工程投资估算，对工程项目在技术上是否可行和经济上是否合理进行科学的论证和分析，提出可行性研究报告。项目评估由上级组织的专家组进行，全面评估项目的可行性和合理性。项目立项后，顺序进行初步设计、技术设计（招标设计）和技施设计，并进行主体工程的实施。工程建成后经过试运行期，即可投产运行。

第三节　水利工程施工组织

一、施工方案、设备的确定

在施工工程的组织设计方案研究中，施工方案的确定和设备及劳动力组合的安排和规划是重要的内容。

（一）施工方案选择原则

在具体施工项目的方案确定时，需要遵循以下几条原则。

（1）确定施工方案时尽量选择施工总工期时间短、项目工程辅助工程量小、施工附加工程量小、施工成本低的方案。（2）确定施工方案时尽量选择先后顺序工作之间、土建工程和机电安装之间、各项程序之间互相干扰小、协调均衡的方案。（3）确定施工方案时要确保施工方案选择的技术先进、可靠。（4）确定施工方案时着重考虑施工强度和施工资源等因素，保证施工设备、施工材料、劳动力等需求之间处于均衡状态。

（二）施工设备及劳动力组合选择原则

在确定劳动力组合的具体安排以及施工设备的选择上，施工单位要尽量遵循以下几条原则。

1. 施工设备选择原则

施工单位在选择和确定施工设备时要注意遵循以下原则。

（1）施工设备尽可能地符合施工场地条件，符合施工设计和要求，并能保证施工项目保质保量地完成。（2）施工项目工程设备要具备机动、灵活、可调节的性质，并且在使用过程中能达到高效低耗的效果。（3）施工单位要事先进行市场调查，以各单项工程的工程量、工程强度、施工方案等为依据，确定何时的配套设备。（4）尽量选择通用性强，可以在施工项目的不同阶段和不同工程活动中反复使用的设备。（5）应选择价格较低，容易获得零部件的设备，尽量保证设备便于维护、维修、保养。

2. 劳动力组合选择原则

施工单位在选择和确定劳动力组合时要注意遵循以下原则。

（1）劳动力组合要保证生产能力可以满足施工强度要求。（2）施工单位需要事先进行调查研究，确保劳动力组合能满足各个单项工程的工程量和施工强度。（3）在选择配套设备的基础上，要按照工作面、工作班制、施工方案等确定最合理的劳动力组合，混合劳动力工种，实现劳动力组合的最优化。

二、主体工程施工方案

水利工程涉及多种工种，其中主体工程施工主要包括地基处理、混凝土施工、碾压式土石坝施工等。而各项主体施工还包括多项具体工程项目。本节重点研究在进行混凝土施工和碾压式土石坝施工时，施工组织设计方案的选择应遵循的原则。

（一）混凝土施工方案选择原则

混凝土施工方案选择主要包括混凝土主体施工方案选择、浇筑设备确定、模板选择、坝体选择等内容。

1. 混凝土主体施工方案选择原则

在进行混凝土主体施工方案确定时，施工单位应该注意以下几部分的原则。

（1）混凝土施工过程中，生产、运输、浇筑等环节要保证衔接的顺畅和合理。（2）混凝土施工的机械化程度要符合施工项目的实际需求，保证施工项目按质按量完成，并且能在一定程度上促进工程工期和进度的加快。（3）混凝土施工方案要保证施工技术先进，设备配套合理，生产效率高。（4）混凝土施工方案要保证混凝土可以得到连续生产，并且在运输过程中尽可能减少中转环节，缩短运输距离，保证温控措施可控、简便。（5）混凝土施工方案要保证混凝土在初期、中期以及后期的浇筑强度可以得到平衡的协调。（6）混凝土施工方案要尽可能保证混凝土施工和机电安装之间存在的相互干扰尽可能少。

2. 混凝土浇筑设备选择原则

混凝土浇筑设备的选择要考虑多方面的因素，比如混凝土浇筑程序能否适应工程强度和进度、各期混凝土浇筑部位和高程与供料线路之间能否平衡协调等等。具体来说，在选择混凝土浇筑设备时，要注意以下几条原则。

（1）混凝土浇筑设备的起吊设备能保证对整个平面和高程上的浇筑部位形成控制。（2）保持混凝土浇筑主要设备型号统一，确保设备生产效率稳定、性能良好，其配套设备能发挥主要设备的生产能力。（3）混凝土浇筑设备要能在连续的工作环境中保持稳定的运行，并具有较高的利用效率。（4）混凝土浇筑设备在工程项目中不需要完成浇筑任务的间隙可以承担起模板、金属构件、小型设备等的吊运工作。（5）混凝土浇筑设备不会因为压块而导致施工工期的延误。（6）混凝土浇筑设备的生产能力要在满足一般生产的情况下，尽可能满足浇筑高峰期的生产要求。（7）混凝土浇筑设备应该具有保证混凝土质量的保障措施。

3. 模板选择原则

在选择混凝土模板时，施工单位应当注意以下原则。

（1）模板的类型要符合施工工程结构物的外形轮廓，便于操作。（2）模板的结构形式应该尽可能标准化、系列化，保证模板便于制作、安装、拆卸。（3）在有条件的情况下，应尽量选择混凝土或钢筋混凝土模板。

4. 坝体接缝灌浆设计原则

在坝体的接缝灌浆时应注意考虑以下几个方面。

（1）接缝灌浆应该发生在灌浆区及以上部位达到坝体稳定温度时，在采取有效措施的基础上，混凝土的保质期应该长于四个月。（2）在同一坝缝内的不同灌浆分区之间的高度应该为10～15米。（3）要根据双曲拱坝施工期来确定封拱灌浆高程，以及浇筑层顶面间的限定高度差值。（4）对空腹坝进行封顶灌浆，火堆受气温影响较大的坝体进行接缝灌浆时，应尽可能采用坝体相对稳定且温度较低的设备进行。

（二）碾压式土石坝施工方案选择原则

在进行碾压式土石坝施工方案选择时，要事先对工程所在地的气候、自然条件进行调查，搜集相关资料，统计降水、气温等多种因素的信息，并分析它们可能对碾压式土石坝材料的影响程度。

1. 碾压式土石坝料场规划原则

在确定碾压式土石坝的料场时，应注意遵循以下原则。

（1）碾压式土石坝料场的料物物理学性质要符合碾压式土石坝坝体的用料要求，尽可能保证物料质地的统一。（2）料场的物料应相对集中存放，总储量要保证能满足工程项目的施工要求。（3）碾压式土石坝料场要保证有一定的备用料区，并保留一部分料场以供坝体合龙和抢拦洪高时使用。（4）以不同的坝体部位为依据，选择不同的料场进行使用，避免不必要的坝料加工。（5）碾压式土石坝料场最好具有剥离层薄、便于开采的特点,并且应尽量选择获得坝料效率较高的料场。(6)碾压式土石坝料场应满足采集面开阔、料场运输距离短的要求,并且周围存在足够的废料处理场。(7)碾压式土石坝料场应尽量少地占用耕地或林场。

2. 碾压式土石坝料场供应原则

(1)碾压式土石坝料场的供应要满足施工项目的工程和强度需求。(2)碾压式土石坝料场的供应要充分利用开挖渣料,通过高料高用、低料低用等措施保证料物的使用效率。(3)尽量使用天然砂石料用作垫层、过滤和反滤,在附近没有天然砂石料的情况下,再选择人工料。(4)应尽可能避免料物的堆放,如果避免不了,就将堆料场安排在坝区上坝道路上,并要保证防洪、排水等一系列措施的跟进。(5)碾压式土石坝料场的供应尽可能减少料物和弃渣的运输量,保证料场平整,防止水土流失。

3. 土料开采和加工处理要求

在进行土料开采和加工处理时,要注意满足以下要求。

(1)以土层厚度、土料物理学特征、施工项目特征等为依据,确定料场的主次并进行区分开采。(2)碾压式土石坝料场土料的开采加工能力应能满足坝体填筑强度的需求。(3)要时刻关注碾压式土石坝料场天然含水量的高低,一旦出现过高或过低的状况,要采用一定具体措施加以调整。(4)如果开采的土料物理力学特性无法满足施工设计和施工要求,那么应选择对采用人工砾质土的可能性进行分析。(5)对施工场地、料场输送线路、表土堆存场等进行统筹规划,必要情况下还要对还耕进行规划。

4. 坝料上坝运输方式选择原则

在选择坝料上坝运输方式的过程中,要考虑运输量、开采能力、运输距离、运输费用、地形条件等多方面因素,具体来说,要遵循以下原则。(1)坝料上坝运输方式要能满足施工项目填筑强度的需求。(2)坝料上坝的运输在过程中不能和其他物料混掺,以免污染和降低料物的物理力学性能。(3)各种坝料应尽量选用相同的上坝运输方式和运输设备。(4)坝料上坝使用的临时设备应具有设施简易、便于装卸、装备工程量小的特点。(5)坝料上坝尽量选择中转环节少、费用较低的运输方式。

5. 施工上坝道路布置原则

施工上坝道路的布置应遵循以下原则。

(1)施工上坝道路的各路段要能满足施工项目坝料运输强度的需求,并综合考虑各路段运输总量、使用期限、运输车辆类型和气候条件等多项因素,最终确定施工上坝的道路布置。(2)施工上坝道路要能兼顾当地地形条件,保证运输过程中不出现中断的现象。(3)施工上坝道路要能兼顾其他施工运输,如施工期过坝运输等,尽量和永久公路相结合。(4)在限制运输坡长的情况下,施工上坝道路的最大纵坡不能大于15%。

6. 碾压式土石坝施工机械配套原则

确定碾压式土石坝施工机械的配套方案时应遵循以下原则。

（1）确定碾压式土石坝施工机械的配套方案要能在一定程度上保证施工机械化水平的提升。(2)各种坝面作业的机械化水平应尽可能保持一致。（3）碾压式土石坝施工机械的设备数量应该以施工高峰时期的平均强度进行计算和安排，并适当留有余地。

第四节　水利工程进度控制

一、概念

水利建设项目进度控制是指对水电工程建设各阶段的工作内容、工作秩序、持续时间和衔接关系。根据进度总目标和资源的优化配置原则编制计划，将该计划付诸实施，在实施的过程中经常检查实际进度是否按计划要求进行，对出现的偏差分析原因，采取补救措施或调整、修改原计划，直到工程竣工验收交付使用。进度控制的最终目的是确保项目进度目标的实现，水利建设项目进度控制的总目标是建设工期。

水利建设项目的进度受许多因素的影响，项目管理者需事先对影响进度的各种因素进行调查，预测他们对进度可能产生的影响，编制可行的进度计划，指导建设项目按计划实施。然而在计划执行过程中，必然会出现新的情况，难以按照原定的进度计划执行。这就要求项目管理者在计划的执行过程中，掌握动态控制原理，不断进行检查，将实际情况与计划安排进行对比，找出偏离计划的原因，特别是找出主要原因，然后采取相应的措施。措施的确定有两个前提：一是通过采取措施，维持原计划，使之正常实施；二是采取措施后不能维持原计划，要对进度进行调整或修正，再按新的计划实施。这样不断地计划、执行、检查、分析、调整计划的动态循环过程，就是进度控制。

二、影响进度因素

水利工程建设项目由于实施内容多、工程量大、作业复杂、施工周期长及参与施工单位多等特点，影响进度的因素很多，主要可归为人为因素，技术因素，项目合同因素，资金因素，材料、设备与配件因素，水文、地质、气象及其他环境因素，社会因素及一些难以预料的偶然突发因素等。

三、工程项目进度计划

工程项目进度计划可以分为进度控制计划、财务计划、组织人事计划、供应计划、劳动力使用计划、设备采购计划、施工图设计计划、机械设备使用计划、物资工程验收计划等。其中工程项目进度控制计划是编制其他计划的基础,其他计划是进度控制计划顺利实施的保证。施工进度计划是施工组织设计的重要组成部分,并规定了工程施工的顺序和速度。水利工程项目施工进度计划主要有两种:一是总进度计划,即对整个水利工程编制的计划,要求写出整个工程中各个单项工程的施工顺序和起止日期及主体工程施工前的准备工作和主体工程完工后的结尾工作的施工期限;二是单项工程进度计划,即对水利枢纽工程中主要工程项目,如大坝、水电站等组成部分进行编制的计划,写出单项工程施工的准备工作项目和施工期限,要求进一步从施工方法和技术供应等条件论证施工进度的合理性和可靠性,研究加快施工进度和降低工程成本的具体方法。

四、进度控制措施

进度控制的措施主要有组织措施、技术措施、合同措施、经济措施和信息措施。

（1）组织措施包括落实项目进度控制部门的人员、具体控制任务和职责分工;项目分解、建立编码体系;确定进度协调工作制度,包括协调会议的时间、人员等;对影响进度目标实现的干扰和风险因素进行分析。(2)技术措施是指采用先进的施工工艺、方法等,以加快施工进度。（3）合同措施主要包括分段发包、提前施工以及合同期与进度计划的协调等。（4）经济措施是指保证资金供应。（5）信息管理措施主要是通过计划进度与实际进度的动态比较,收集有关进度的信息。

五、进度计划的检查和调整方法

在进度计划执行过程中,应根据现场实际情况不断进行检查,将检查结果进行分析,而后确定调整方案,这样才能充分发挥进度计划的控制功能,实现进度计划的动态控制。为此,进度计划执行中的管理工作包括:检查并掌握实际进度情况;分析产生进度偏差的主要原因;确定相应的纠偏措施或调整方法等三个方面。

（一）进度计划的检查

1. 进度计划的检查方法

（1）计划执行中的跟踪检查

在网络计划的执行过程中，必须建立相应的检查制度，定时定期地对计划的实际执行情况进行跟踪检查，搜集反映实际进度的有关数据。

（2）搜集数据的加工处理

搜集反映实际进度的原始数据量大面广，必须对其进行整理、统计和分析，形成与计划进度具有可比性的数据，以便在网络图上进行记录。根据记录的结果可以分析判断进度的实际状况，及时发现进度偏差，为网络图的调整提供信息。

（3）实际进度检查记录的方式

第一，当采用时标网络计划时，可采用实际进度前锋线记录计划实际执行情况，进行实际进度与计划进度的比较。

实际进度前锋线是在原时标网络计划上，自上而下从计划检查时刻的时标点出发，用点画线依次将各项工作实际进度达到的前锋点连接成的折线。通过实际进度前锋线与原进度计划中的各项工作箭线交点的位置可以判断实际进度与计划进度的偏差。

第二，当采用无时标网络计划时，可在图上直接用文字、数字、适当符号或列表记录计划的实际执行状况，进行实际进度与计划进度的比较。

2. 网络计划检查的主要内容

（1）关键工作进度。（2）非关键工作的进度及时差利用的情况。（3）实际进度对各项工作之间逻辑关系的影响。（4）资源状况。（5）成本状况。（6）存在的其他问题。

3. 对检查结果进行分析判断

通过对网络计划执行情况检查的结果进行分析判断，可为计划的调整提供依据。一般应进行如下分析判断：

第一，对时标网络计划可利用绘制的实际进度前锋线，分析计划的执行情况及其发展趋势，对未来的进度做出预测、判断，找出偏离计划目标的原因及可供挖掘的潜力所在。

第二，对无时标网络计划可根据实际进度的记录情况对计划中未完的工作进行分析判断

（二）进度计划的调整

进度计划的调整内容包括：调整网络计划中关键线路的长度，调整网络计划中非

关键工作的时差、增（减）工作项目、调整逻辑关系、重新估计某些工作的持续时间、对资源的投入作相应调整。网络计划的调整方法如下。

1. 调整关键线路法

第一，当关键线路的实际进度比计划进度拖后时，应在尚未完成的关键工作中，选择资源强度小或费用低的工作缩短其持续时间，并重新计算未完成部分的时间参数，将其作为一个新的计划实施。

第二，当关键线路的实际进度比计划进度提前时，若不想提前工期，应选用资源占有量大或者直接费用高的后续关键工作，适当延长期持续时间，以降低其资源强度或费用；当确定要提前完成计划时，应将计划尚未完成的部分作为一个新的计划，重新确定关键工作的持续时间，按新计划实施。

2. 非关键工作时差的调整方法

非关键工作时差的调整应在其时差范围内进行，以便更充分地利用资源、降低成本或满足施工的要求。每一次调整后都必须重新计算时间参数，观察该调整对计划全局的影响，可采用以下几种调整方法：

（1）将工作在其最早开始时间与最迟完成时间范围内移动。（2）延长工作的持续时间。（3）缩短工作的持续时间。

3. 增减工作时的调整方法

增减工作项目时应符合这样的规定：不打乱原网络计划总的逻辑关系，只对局部逻辑关系进行调整；在增减工作后应重新计算时间参数，分析对原网络计划的影响。当对工期有影响时，应采取调整措施，以保证计划工期不变。

4. 调整逻辑关系

逻辑关系的调整只有当实际情况要求改变施工方法或组织方法时才可进行，调整时应避免影响原定计划工期和其他工作的顺利进行。

5. 调整工作的持续时间

当发现某些工作的原持续时间估计有误或实现条件不充分时，应重新估算其持续时间，并重新计算时间参数，尽量使原计划工期不受影响。

6. 调整资源的投入

当资源供应发生异常时，应采用资源优化方法对计划进行调整，或采取应急措施，使其对工期的影响最小。

网络计划的调整可以定期调整，也可以根据检查的结果随时调整。

第三章 水利工程施工安全管理

第一节 水利工程安全生产监督管理

一、水利工程人员安全生产考核要求

（一）相关概念

1. 施工企业主要负责人

施工企业主要负责人是指对本企业日常生产经营活动和安全生产工作全面负责、有生产经营决策权的人员，包括企业法定代表人、经理、企业分管安全生产工作副经理等。

2. 施工企业项目负责人

施工企业项目负责人是指由企业法定代表人授权，负责水利工程项目施工管理的负责人。

3. 施工企业专职安全生产管理人员

施工企业专职安全生产管理人员是指在企业专职从事安全生产管理工作的人员，包括企业安全生产管理机构的负责人及其工作人员和施工现场专职安全员。

（二）基本规定

第一，水利工程施工企业管理人员必须经水行政主管部门安全生产考核，考核合

格取得安全生产考核合格证书后，方可担任相应职务。

第二，水利部负责全国水利工程施工企业管理人员的安全生产考核工作的统一管理，并负责组织水利水电工程施工总承包一级（含一级）以上资质、专业承包一级资质施工企业，以及直属施工企业的施工企业管理人员水利水电工程安全生产知识和能力考核。考核合格证书加盖水利部印章及"水利部建筑施工企业管理人员安全生产考核合格证书专用章"钢印。

各省、自治区、直辖市水利（水务）厅（局）负责组织对本行政区域内水利水电工程施工总承包二级（含二级）以下资质以及专业承包二级（含二级）以下资质施工企业的施工企业管理人员水利水电工程安全生产知识和能力考核。考核合格证书加盖发证机关公章及专用钢印。

考核合格证书采用住房和城乡建设部规定样式并统一印制的证书。

第三，施工企业管理人员安全生产考核内容包括安全生产知识和安全管理能力两方面。水利部负责根据水利工程施工企业主要负责人、项目负责人和专职安全生产管理人员安全生产知识考核要点统一制定考核命题。

第四，水利工程施工企业管理人员应当具备与所从事的施工活动相应的文化程度、专业知识和水利工程安全生产工作经历，并经企业年度水利工程安全生产教育培训合格后，方可参加水行政主管部门组织的安全生产考核。任何单位和个人不得伪造相关资料。

第五，水行政主管部门对水利工程施工企业管理人员进行安全生产考核，不得收取考核费用，不得组织强制培训。

第六，安全生产考核合格的，经公示后无异议的，由相应的行政主管部门在20日内核发水利工程施工企业管理人员安全生产考核合格证书。对不合格的，应通知本人并说明理由，限期重新考核。

第七，水利工程施工企业管理人员变更姓名、所在法人单位等，应在一个月内到原安全生产考核合格证书发证机关办理变更手续。

第八，水利工程施工企业管理人员遗失安全生产考核合格证书，应在公共媒体上声明作废，并在一个月内到原安全生产考核合格证书发证机关办理补证手续。

第九，水利工程施工企业管理人员安全生产考核合格证书有效期为三年。有效期满需要延期的，应当于期满前三个月内向原发证机关申请办理延期手续。

第十，水利工程施工企业管理人员在安全生产考核合格证书有效期内，严格遵守安全生产法律、法规，认真履行安全生产职责，按规定接受企业年度水利工程安全生产教育培训，所管辖职责范围内未发生死亡事故的，其安全生产考核合格证书有效期届满时，经原考核发证机关同意，不再考核，安全生产考核合格证书有效期延期三年。

第十一，水行政主管部门负责建立水利工程施工企业管理人员安全生产考核档案管理制度，并定期向社会公布水利工程施工企业管理人员取得安全生产考核合格证书的情况。

第十二，水利工程施工企业管理人员取得安全生产考核合格证书后，应当认真履行安全生产管理职责，接受水行政主管部门的监督检查。

第十三，水行政主管部门应当加强对水利工程施工企业管理人员履行安全生产职责情况的监督检查，发现其违反安全生产法律法规、未履行安全生产职责、不按规定接受企业年度安全生产教育培训、发生死亡事故，情节严重的，应与收回其安全生产考核合格证书，限期改正，重新考核。

第十四，任何单位和个人不得伪造、转让、冒用水利工程施工企业管理人员安全生产考核合格证书。

第十五，水行政主管部门工作人员在水利工程施工企业管理人员的安全生产考核发证、管理和监督检查工作中，不得索取或者接受企业和个人的财物，不得谋取其他利益。

第十六，任何单位或者个人对违反本规定的行为，有权向水行政主管部门或者监察机关等有关部门举报。

（三）考核要点

1. 水利工程施工企业主要负责人

（1）安全生产知识考核要点

①国家有关安全生产的方针政策、法律、法规、部门规章、技术标准和规范性文件。②水利工程安全生产管理的基本知识和相关专业知识。③水利工程重、特大事故防范、应急救援措施报告制度及调查处理方法。④企业安全生产责任制和安全生产规章制度的内容和制定方法。⑤国内外水利工程安全生产管理经验。

（2）安全生产管理能力考核要点

①能够认真贯彻执行国家有关安全生产的方针政策、法律、法规、部门规章、技术标准和规范性文件。②能够有效组织和督促本单位安全生产工作，建立健全本单位安全生产责任制。③能够组织制定本单位安全生产规章制度和操作规程。④能够采取有效措施保证本单位安全生产条件所需资金的投入。⑤能够有效开展安全生产检查，及时消除事故隐患。⑥能够组织制定水利工程安全度汛措施。⑦能够组织制定本单位生产安全事故应急救援预案，正确组织、指挥本单位负责救援。⑧能够及时、如实报告水利工程生产安全事故。⑨水利工程安全生产业绩。

2. 水利工程施工企业项目负责人

（1）安全生产知识考核要点

①国家有关安全生产的方针政策、法律、法规、部门规章、技术标准和规范性文件②水利工程安全生产管理的基本知识和相关专业知识。③水利工程重大事故防范、应急救援措施、报告制度及调查处理方法。④企业和项目安全生产责任制及安全生产规章制度的内容和制定方法。⑤水利工程施工现场安全生产监督检查的内容和方法。

（2）安全生产管理能力考核要点

①能够认真贯彻执行国家有关安全生产的方针政策、法律、法规、部门规章、技术标准和规范性文件。②能够有效组织和督促水利工程项目安全生产工作，并落实安全生产责任制。③能够保证安全生产费用的有效使用。④能够根据工程的特点组织制订水利工程安全施工措施。⑤能够有效开展安全检查，及时消除水利工程生产安全事故隐患。⑥能够及时、如实报告水利工程生产安全事故。⑦能够组织制订并有效实施水利工程安全度汛措施。⑧水利工程安全生产业绩。

3. 水利工程施工企业专职安全生产管理人员

（1）安全生产知识考核要点

①国家有关安全生产的方针政策、法律、法规、部门规章、技术标准和规范性文件。②水利工程重大事故防范、应急救援措施报告制度、调查处理方法及防护救护措施。③企业和项目安全生产责任制及安全生产规章制度的内容。④水利工程施工现场安全监督检查的内容和方法。⑤水利工程典型生产安全事故案例分析。

（2）安全生产管理能力考核要点

①能够认真贯彻执行国家安全生产方针政策、法律、法规、部门规章、技术标准和规范性文件。②能够有效对安全生产进行现场监督检查。③能够发现生产安全事故隐患，并及时向项目负责人和安全生产管理机构报告。④能够及时制止现场违章指挥、违章操作行为。⑤能够有效对水利工程安全度汛措施落实情况进行现场监督检查。⑥能够及时、如实报告水利工程生产安全事故。⑦水利工程安全生产业绩。

二、安全生产事故的应急救援

（一）基本概念

1. 应急预案

应急预案是指针对可能发生的事故，为迅速、有序地开展应急行动而预先制订的行动方案。

2. 应急准备

应急准备是指针对可能发生的事故，为迅速有序地开展应急行动而预先进行的组织准备和应急保障。

3. 应急响应

应急响应是指事故发生后，有关组织或人员采取的应急行动。

4. 应急救援

应急救援是指在应急响应过程中，为消除、减少事故危害，防止事故扩大或恶化，最大限度地降低事故造成的损失或危害而采取的救援措施或行动。

5. 恢复

恢复是指事故的影响得到初步控制后，为使生产、工作、生活和生态环境尽快恢复到正常状态而采取的措施或行动。

6. 综合应急预案

综合应急预案是从总体上阐述处理事故的应急方针、政策，应急组织结构及相关应急职责，应急行动、措施和保障等基本要求和程序，是应对各类事故的综合性文件

7. 专项应急预案

专项应急预案是针对具体的事故类别（如煤矿瓦斯爆炸、危险化学品泄漏等事故）、危险源和应急保障而制订的计划或方案，是综合应急预案的组成部分，应按照综合应急预案的程序和要求组织制订，并作为综合应急预案的附件专项应急预案应制订明确的救援程序和具体的应急救援措施。

8. 现场处置方案

现场处置方案是针对具体的装置、场所或设施、岗位所制订的应急处置措施。现场处置方案应具体、简单、针对性强。现场处置方案应根据风险评估及危险性控制措施逐一编制，做到事故相关人员应知应会，熟练掌握，并通过应急演练，做到迅速反应、正确处置。

（二）综合应急预案的主要内容

1. 总则

（1）编制目的。简述应急预案编制的目的、作用等。（2）编制依据。简述应急预案编制所依据的法律、法规、规章，以及有关行业管理规定、技术规范和标准等。（3）适用范围。说明应急预案适用的区域范围，以及事故的类型、级别。（4）应急预案体系。

说明本单位应急预案体系的构成情况。(5)应急工作原则。说明本单位应急工作的原则，内容应简明扼要、明确具体。

2. 生产经营单位的危险性分析

(1) 生产经营单位概况

生产经营单位概况主要包括单位地址、从业人数、隶属关系、主要原材料、主要产品、产量等内容，以及周边重大危险源、重要设施、目标、场所和周边布局情况。必要时，附平面图进行说明。

(2) 危险源与风险分析

危险源与风险分析主要阐述本单位存在的危险源及风险分析结果。

3. 组织机构及职责

(1) 应急组织体系

明确应急组织形式、构成单位或人员，并尽可能以结构图的形式表示出来。

(2) 指挥机构及职责

明确应急救援指挥机构总指挥、副总指挥、各成员单位及其相应职责。应急救援指挥机构根据事故类型和应急工作需要，可以设置相应的应急救援工作小组，并明确各小组的工作任务及职责。

4. 预防与预警

(1) 危险源监控

明确本单位对危险源监测监控的方式、方法，以及采取的预防措施。

(2) 预警行动

明确事故预警的条件、方式方法和信息的发布程序。

(3) 信息报告与处置

按照有关规定，明确事故及未遂伤亡事故信息报告与处置办法。

①信息报告与通知。明确24小时应急值守电话、事故信息接收和通报程序。②信息上报。明确事故发生后向上级主管部门和地方人民政府报告事故信息的流程、内容和时限。③信息传递。明确事故发生后向有关部门或单位通报事故信息的方法和程序。

5. 应急响应

(1) 响应分级

针对事故危害程度、影响范围和单位控制事态的能力，将事故分为不同的等级。按照分级负责的原则，明确应急响应级别。

（2）响应程序

根据事故的大小和发展态势，明确应急指挥、应急行动、资源调配、应急避险、扩大应急等响应程序。

（3）应急结束

明确应急终止的条件。事故现场得以控制，环境符合有关标准，导致次生、衍生事故隐患消除后，经事故现场应急指挥机构批准后，现场应急结束。

应急结束后，应明确：①事故情况上报事项；②需向事故调查处理小组移交的相关事项；③事故应急救援工作总结报告。

6. 信息发布

明确事故信息发布的部门、发布原则。事故信息应由事故现场指挥部及时准确向新闻媒体通报事故信息。

7. 后期处置

后期处置主要包括污染物处理、事故后果影响消除、生产秩序恢复、善后赔偿、抢险过程和应急救援能力评估及应急预案的修订等内容。

8. 保障措施

（1）通信与信息保障

明确与应急工作相关联的单位或人员通信联系方式和方法，并提供备用方案。建立信息通信系统及维护方案，确保应急期间信息通畅。

（2）应急队伍保障

明确各类应急响应的人力资源，包括专业应急队伍、兼职应急队伍的组织与保障方案。

（3）应急物资装备保障

明确应急救援需要使用的应急物资和装备的类型、数量性能、存放位置、管理责任人及其联系方式等内容。

（4）经费保障

明确应急专项经费来源、使用范围、数量和监督管理措施，保障应急状态时生产经营单位应急经费的及时到位。

（5）其他保障

根据本单位应急工作需求而确定的其他相关保障措施（如交通运输保障、治安保障、技术保障、医疗保障、后勤保障等）。

9. 培训与演练

（1）培训

明确对本单位人员开展的应急培训计划方式和要求。如果预案涉及社区和居民，要做好宣传教育和告知等工作。

（2）演练

明确应急演练的规模、方式、频次、范围、内容、组织、评估、总结等内容。

10. 附则

（1）术语和定义。对应急预案涉及的一些术语进行定义。（2）应急预案备案。明确本应急预案的报备部门。（3）维护和更新。明确应急预案维护和更新的基本要求，定期进行评审，实现可持续改进。（4）制定与解释。明确应急预案负责制订与解释的部门。（5）应急预案实施。明确应急预案实施的具体时间。

（三）专项应急预案的主要内容

1. 事故类型和危害程度分析

在危险源评估的基础上，对其可能发生的事故类型和可能发生的季节及其严重程度进行确定。

2. 应急处置基本原则

明确处置安全生产事故应当遵循的基本原则。

3. 组织机构及职责

（1）应急组织体系

明确应急组织形式、构成单位或人员，并尽可能以结构图的形式表示出来。

（2）指挥机构及职责

根据事故类型，明确应急救援指挥机构总指挥、副总指挥以及各成员单位或人员的具体职责。应急救援指挥机构可以设置相应的应急救援工作小组，明确各小组的工作任务及主要负责人职责。

（四）现场处置方案的主要内容

1. 事故特征

事故特征主要包括：（1）危险性分析，可能发生的事故类型。（2）事故发生的区域、地点或装置的名称。（3）事故可能发生的季节和造成的危害程度。（4）事故前可能出现的征兆。

2. 应急组织与职责

应急组织与职责主要包括：（1）基层单位应急自救组织形式及人员构成情况。（2）应急自救组织机构、人员的具体职责应同单位或车间、班组人员下作职责紧密结合，明确相关岗位和人员的应急工作职责。

3. 应急处置

应急处置主要包括以下内容：

（1）事故应急处置程序。根据可能发生的事故类别及现场情况，明确事故报警、各项应急措施启动、应急救护人员的引导、事故扩大及同企业应急预案的衔接程序。（2）现场应急处置措施。针对可能发生的火灾、爆炸、危险化学品泄漏、坍塌、水患、机动车辆伤害等，从操作措施、工艺流程、现场处置、事故控制、人员救护、消防、现场恢复等方面制订明确的应急处置措施。（3）报警电话及上级管理部门、相关应急救援单位联络方式和联系人员，事故报告的基本要求和内容。

4. 注意事项

注意事项主要包括：

（1）佩戴个人防护器具方面的注意事项。（2）使用抢险救援器材方面的注意事项；（3）采取救援对策或措施方面的注意事项。（4）现场自救和互救注意事项。（5）现场应急处置能力确认和人员安全防护等事项。（6）应急救援结束后的注意事项。（7）其他需要特别警示的事项。

5. 应急预案的评审和发布

应急预案编制完成后，应进行评审。

（1）要素评审

评审由本单位主要负责人组织有关部门和人员进行。

（2）形式评审

外部评审由上级主管部门或地方政府负责安全管理的部门组织审查。

（3）备案和发布

评审后，按规定报有关部门备案，并经生产经营单位主要负责人签署发布。建筑施工企业的综合应急预案和专项应急预案，按照隶属关系报所在地县级以上地方人民政府安全生产监督管理部门和有关主管部门备案。

建筑施工企业申请应急预案备案，应当提交以下材料：①应急预案备案申请表；②应急预案评审或者论证意见；③应急预案文本及电子文档。

6. 预案的修订

（1）生产经营单位制订的应急预案应当至少每三年修订一次，预案修订情况应有记录并归档。（2）下列情形之一的，应急预案应当及时修订：①生产经营单位因兼并、重组转制等导致隶属关系、经营方式、法定代表人发生变化的；②生产经营单位生产工艺和技术发生变化的；③周围环境发生变化，形成新的重大危险源的；④应急组织指挥体系或者职责已经调整的；⑤依据的法律、法规、规章和标准发生变化的；⑥应急预案演练评估报告要求修订的；⑦应急预案管理部门要求修订的。

7. 法律责任

（1）生产经营单位应急预案未按照相关规定备案的，由县级以上安全生产监督管理部门给予警告，并处三万元以下罚款。（2）生产经营单位未制订应急预案或者未按照应急预案采取预防措施，导致事故救援不力或者造成严重后果的，由县级以上安全生产监督管理部门依照有关法律、法规和规章的规定，责令停产停业整顿，并依法给予行政处罚。

三、水利工程安全生产监督管理的内容

结合水利工程建设的特点以及建设管理体系的具体情况，对水利工程建设安全生产监督管理主要的要求如下：

第一，水行政主管部门和流域管理机构按照分级管理权限，负责水利工程建设安全生产的监督管理。水行政主管部门或者流域管理机构委托的安全生产监督机构，负责水利工程施工现场的具体监督检查工作。

第二，水利部负责全国水利工程建设安全生产的监督管理工作，其主要职责是：贯彻、执行国家有关安全生产的法律、法规和政策，制定有关水利工程建设安全生产的规章、规范性文件和技术标准；监督、指导全国水利工程建设安全生产工作，组织开展对全国水利工程建设安全生产情况的监督检查；组织、指导全国水利工程建设安全生产监督机构的建设、考核和安全生产监督人员的考核工作，以及水利工程施工单位的主要负责人、项目负责人和专职安全生产管理人员的安全生产考核工作。

第三，流域管理机构负责所管辖的水利工程建设项目的安全生产监督工作。

第四，省、自治区、直辖市人民政府水行政主管部门负责本行政区域内所管辖的水利工程建设安全生产的监督管理工作，其主要职责是：贯彻执行有关安全生产的法律、法规、规章、政策和技术标准，制定地方有关水利工程建设安全生产的规范性文件；监督、指导本行政区域内所管辖的水利工程建设安全生产工作，组织开展对本行政区域内所管辖的水利工程建设安全生产情况的监督检查；组织、指导本行政区域内水利工程建

设安全生产监督机构的建设工作以及有关的水利工程施工单位的主要负责人、项目负责人和专职安全中产管理人员的安全生产考核工作。市、县级人民政府水行政主管部门水利工程建设安全生产的监督管理职责，由省、自治区、直辖市人民政府水行政主管部门规定。

第五，水行政主管部门或者流域管理机构委托的安全生产监督机构，应当严格按照有关安全生产的法律、法规、规章和技术标准，对水利工程施工现场实施监督检查。安全生产监督机构应当配备一定数的专职安全生产监督人员。安全生产监督机构以及安全生产监督人员应当经水利部考核合格。

第六，水行政主管部门、流域管理机构或者其委托的安全生产监督机构依法履行安全生产监督检查职责时，有权采取下列措施：要求被检查单位提供有关安全生产的文件和资料；进入被检查单位施工现场进行检查；纠正施工中违反安全生产要求的行为检查中发现的安全事故隐患，责令立即排除；重大安全事故隐患排除前或者排除过程中无法保证安全的，责令从危险区域内撤出作业人员或者暂时停止施工。

第七，各级水行政主管部门和流域管理机构应当建立举报制度，及时受理对水利工程建设生产安全事故及安全事故隐患的检举、控告和投诉；对超出管理权限的，应当及时转送有管理权限的部门。举报制度应当包括以下内容：公布举报电话，信箱或者电子邮件地址，受理对水利工程建设安全生产的举报；对举报事项进行调查核实，并形成书面材料；督促落实整顿措施，依法做出处理。

第二节 水利工程施工安全管理

一、施工安全管理的目的和任务

施工安全管理的目的是最大限度地保护生产者的人身安全，控制影响工作环境内所有员工（包括临时工作人员、合同方人员、访问者和其他有关人员）安全的条件和因素，避免因使用不当对使用者造成安全危急，防止安全事故的发生。

施工安全管理的任务是建筑生产安全企业为达到建筑施工过程中安全的目的，所进行的组织、控制和协调活动，主要内容包括制定、实施、实现、评审和保持安全方针所需的组织机构、策划活动、管理职责、实施程序、资源等。施工企业应根据自身实际情况制定方针，并通过实施、实现、评审、保持、改进来建立组织机构、策划活动、明确职责、遵守安全法律、法规，编制程序控制文件，实施过程控制，提供人员、设备、资金、信息等资源，对安全与环境管理体系按国家标准进行评审，按计划、实施、检查、总结循环过程进行提高。

二、施工安全管理的特点

（一）施工安全管理的复杂性

水利工程施工具有项目固定性、生产的流动性。外部环境影响的不确定性，决定了施工安全管理的复杂性。

1. 生产的流动性主要是指生产要素的流动性

它是指生产过程中人员、工具和设备的流动，主要表现有以下几个方面：同一工地不同工序之间的流动，同一工序不同工程部位之间的流动，同一工程部位不同时间段之间的流动，施工企业向新建项目迁移的流动

2. 外部环境对施工安全影响因素

主要表现在：露天作业多，气候变化大，地质条件变化，地形条件影响，地域、人员交流障碍影响。以上生产因素和环境因素的影响，使施工安全管理变得复杂，考虑不周会出现安全问题。

（二）施工安全管理的多样性

受客观因素影响，水利工程项目具有多样性的特点，使得建筑产品具有单件性，每一个施工项目都要根据特定条件和要求进行施工生产。施工安全管理具有多样性特点，表现有以下几个方面：

（1）不能按相同的稿纸、工艺和设备进行批量重复生产。（2）因项目需要设置组织机构，项目结束组织机构不存在，生产经营的一次性特征突出。（3）新技术、新工艺、新设备、新材料的应用给安全管理带来新的难题。（4）人员的改变、安全意识、经验不同带来安全隐患。

（三）施工安全管理的协调性

施工过程的连续性和分工决定了施工安全管理的协调性。水利施工项目不能像其他工业产品一样可以分成若干部分或零部件同时生产，必须在同一个固定的场地按严格的程序连续生产，上一道工序完成才能进行下一道工序，上一道工序生产的结果往

往被下一道工序所掩盖，而每一道工序都是由不同的部门和人员来完成的，这就要求在安全管理中，不同部门和人员做好横向配合和协调，共同注意各施工生产过程接口部分的安全管理的协调，确保整个生产过程和安全。

（四）施工安全管理的强制性

工程建设项目建设前，已经通过招标投标程序确定了施工单位。由于目前建筑市场供大于求，施工单位大多以较低的标价中标，实施中安全管理费用投入严重不足，不符合安全管理规定的现象时有发生，从而要求建设单位和施工单位重视安全管理经费的投入，达到安全管理的要求，政府也要加大对安全生产的监管力度。

三、施工安全控制的特点、程序、要求

（一）基本概念

1. 安全生产的概念

安全生产是指施工企业使生产过程避免人身伤害、设备损害及其不可接受的损害风险的状态。

不可接受的损害风险通常是指超出了法律、法规和规章的要求，超出了方针、目标和企业规定的其他要求，超出了人们普遍接受的要求（通常是隐含的要求）。

安全与否是一个相对的概念，根据风险接受程度来判断。

2. 安全控制的概念

安全控制是指企业通过对安全生产过程中涉及的计划、组织、监控、调节和改进等一系列致力于满足施工安全措施所进行的管理活动。

（二）安全控制的方针与目标

1. 安全控制的方针

安全控制的目的是安全生产，因此安全控制的方针是"安全第一，预防为主"。

安全第一是指把人身的安全放在第一位，安全为了生产，生产必须保证人身安全，充分体现以人为本的理念。

预防为主是实现安全第一的手段，采取正确的措施和方法进行安全控制，从而减少甚至消除事故隐患，尽量把事故消除在萌芽状态，这是安全控制最重要的思想。

2. 安全控制的目标

安全控制的目标是减少和消除生产过程中的事故，保证人员健康安全，避免财产损失。安全控制目标具体包括：（1）减少和消除人的不安全行为的目标。（2）减少和消除设备、材料的不安全状态的目标。（3）改善生产环境和保护自然环境的目标。（4）安全管理的目标。

（三）施工安全控制的特点

1. 安全控制面大

水利工程，由于规模大、生产工序多、工艺复杂、流动施工作业多、野外作业多、高空作业多、作业位置多、施工中不确定因素多，因此施工中安全控制涉及范围广、控制面大。

2. 安全控制动态性强

水利工程建设项目的单件性，使得每个工程所处的条件不同，危险因素和措施也会有所不同，员工进驻一个新的工地，面对新的环境，需要时间去熟悉，对工作制度和安全措施进行调整。

工程施工项目施工的分散性，现场施工分散于场地的不同位置和建筑物的不同部位，面对新的具体的生产环境，除熟悉各种安全规章制度和技术措施外，还需做出自己的研判和处理。有经验的人员也必须适应不断变化的新问题、新情况。

3. 安全控制体系交叉性

工程项目施工是一个系统工程，受自然环境和社会环境影响大，施工安全控制和工程系统、质量管理体系、环境和社会系统联系密切，交叉影响，建立和运行安全控制体系要相互结合。

4. 安全控制的严谨性

安全事故的出现是随机的，偶然中存在必然性，一旦失控，就会造成伤害和损失，因此安全状态的控制必须严谨。

（四）施工安全控制程序

1. 确定项目的安全目标

按目标管理的方法，在以项目经理为首的项目管理系统内进行分解，从而确定每个岗位的安全目标，实现全员安全控制。

2. 编制项目安全技术措施计划

对生产过程中的不安全因素，应采取技术手段加以控制和消除，并采用书面文件的形式，作为工程项目安全控制的指导性文件、落实"预防为主"的方针。

3. 落实项目安全技术措施计划

安全技术措施包括安全生产责任制、安全生产设施、安全教育和培训、安全信息的沟通和交流，通过安全控制使生产作业的安全状况处于可控制状态。

4. 安全技术措施计划的验证

安全技术措施计划的验证包括安全检查、纠正不符合因素、检查安全记录、安全技术措施修改与再验证。

5. 安全生产控制的持续改进

安全生产控制应持续改进，直到工程项目全面工作的结束。

（五）施工安全控制的基本要求

（1）必须取得安全行政主管部门颁发的"安全施工许可证"后方可施工（2）总承包企业和每一个分包单位都应持有"施工企业安全资格审查认可证"。（3）各类人员必须具备相应的执业资格才能上岗。（4）新员工都必须经过安全教育和必要的培训。（5）特种工种作业人员必须持有特种工种作业上岗证，并严格按期复查。（6）对查出的安全隐患要做到五个落实：落实责任人、落实整改措施、落实整改时间、落实整改完成人、落实整改验收人。（7）必须控制好安全生产的六个节点：技术措施、技术交底、安全教育、安全防护、安全检查、安全改进。（8）现场的安全警示设施齐全，所有现场人员必须戴安全帽，高空作业人员必须系安全带等防护工具，并符合国家和地方的有关安全规定。（9）现场施工机械尤其是起重机械等设备必须经安全检查合格后方可使用。

四、施工安全控制的方法

（一）危险源

1. 危险源的定义

危险源是可能导致人身伤害或疾病、财产损失、工作环境破坏或几种情况同时出现的危险因素和有害因素。

危险因素强调突发性和瞬时作用，有害因素强调在一定时间内的慢性损害和积累作用。

危险源是安全控制的主要对象，也可以将安全控制称为危险源控制或安全风险控制。

2. 危险源分类

施工生产中的危险源是以多种多样的形式存在的，危险源所导致的事故主要有能以的意外释放和有害物质的泄露。根据危险源在事故中的作用，把危险源分为两大类，即第一类危险源和第二类危险源。

（1）第一类危险源

可能发生能量意外释放的载体或危险物质称为第一类危险源。能量或危险物质的意外释放是事故发生的物理本质，通常把产生能量的能量源或拥有能量的载体作为第一类危险源进行处理。

（2）第二类危险源

造成约束限制能量的措施破坏或失效的各种不安全因素称为第二神危险源。在施工生产中，为了利用能量，使用各种施工设备和机器，让能量在施工过程中流动、转换做功，加快施进度，而这些设备和设施可以看成约束能量的工具。正常情况下生产过程中的能量和危险物质是受到控制和约束的，不会发生意外释放，也就是不会发生事故，一旦这些约定或限制措施受到破坏或者失效，包括出现故障，则会发生安全事故。这类危险源包括三个方面：人的不安全行为、物的不安全状态、环境的不良条件。

3. 危险源与事故

安全事故的发生是以上两种危险源共同作用的结果。第一类危险源是事故发生的前提，第二类危险源的出现是第一类危险源导致安全事故的必要条件。在事故发生和发展过程中，两类危险源相互依存和作用，第一类是事故的主体，决定事故的严重程度，第二类危险源出现决定事故发生的大小。

（二）危险源控制方法

1. 风险源识别与风险评价

（1）危险源识别方法

①专家调查法是通过向有经验的专家咨询、调查、分析、评价危险源的方法。专家调查法的优点是简便、易行，缺点是受专家的知识经验限制，可能出现疏漏。②安全检查表法就是运用事先编制好的检查表实施安全检查和诊断项目，进行系统的安全检查，识别工程项目存在的危险源，检查表的内容一般包括项目类型、检查内容及要求、

检查后处理意见等。可回答是、否或做符号标识，注明检查日期，并由检查人和被检查部门或单位签字。

安全检查表法的优点是简单扼要，容易掌握，可以先组织专家编制检查表、制定检查项目，使施工安全检查系统化、规范化。

（2）风险评价方法

风险评价是评估危险源所带来的风险大小，以及确定风险是否允许的过程。根据评价结果对风险进行分级，按不同的风险等级有针对性地采取风险控制措施。

2. 危险源的控制方法

（1）第一类危险源的控制方法

防止事故发生的方法有：消除危险源，限制能量，对危险物质隔离避免或减少事故损失的方法有：隔离、个体防护，使能量或危险物质按事先要求释放，采取避难、援救措施。

（2）第二类危险源的控制方法

减少故障，增加安全系数，提高可靠度，设置安全监控系统。

故障安全设计包括最乐观方案（故障发生后，在没有采取措施前，使系统和设备处于安全的能盘状态之下）、最悲观方案（故障发生后，系统处于最低能量状态下，直到采取措施前，不能运转）、最可能方案（保证采取措施前，设备、系统发挥正常功能）。

3. 危险源的控制策划

（1）尽可能完全消除有不可接受风险的风险源，如用安全品取代危险品。（2）不可能消除时，应努力采取降低风险的措施，如使用低压电器等。（3）在条件允许时，应使工作环境适合于人，如考虑降低人精神压力和体能消耗。（4）应尽可能利用先进技术来改善安全控制措施。（5）应考虑采取保护每个工作人员的措施。（6）应将技术管理与程序控制结合起来。（7）应考虑引入设备安全防护装置维护计划的要求。（8）应考虑使用个人防护用品。（9）应有可行有效的应急方案。（10）预防性测定指标要符合监视控制措施计划的要求。（11）组织应根据自身的风险选择适合的控制策略。

五、施工安全生产组织机构建立

人人都知道安全的重要，但是安全事故却又频频发生，为了保证施工过程不发生安全事故，必须建立安全管理的组织机构，健全安全管理规章制度。统一施工生产项目的安全管理目标、安全措施、检查制度、考核办法、安全教育措施等。具体工作如下：

（1）成立以项目经理为首的安全生产施工领导小组，具体负责施工期间的安全工作。（2）项目副经理、技术负责人、各科负责人和生产工段的负责人作为安全小组成员，共同负责安全工作。（3）设立专职安全员，聘用有国家安全员职业资格或经培训持证上岗的人员，专门负责施工过程中安全工作，只要施工现场有施工作业人员，安全员就要上岗值班，在每个工序开工前，安全员要检查工程环境和设施情况，认定安全后方可进行工序施工。（4）各技术及其他管理科室和施工队要设兼职安全员，负责本部门的安全生产预防和检查工作，各作业班组组长要兼本班组的安全检查员，具体负责本班组的安全检查。（5）工程项目部应定期召开安全生产工作会议，总结前期工作，找出问题，布置落实后面工作，利用施工空闲时间进行安全生产工作培训，在培训工作中和其他安全工作会议上，安全小组领导成员要讲解安全工作的重要意义，学习安全知识，增强员工安全警觉意识，把安全工作落实在预防阶段。根据工程的具体特点，把不安全的因素和相应措施制定成册，利于全体员工学习和掌握。（6）严格按国家有关安全生产规定，在施工现场设置安全警示标识，在不安全因素的部位设立警示牌，严格检查进场人员佩戴安全帽，高空作业佩戴安全带，严格持证上岗工作，风雨天禁止高空作业工作，施工设备专人使用制度，严禁在场内乱拉乱用电线路，严禁非电工人员从事电工作业。（7）安全生产工作和现场管理结合起来，同时进行，防止因管理不善产生安全隐患，工地防风、防雨、防火、防盗、防疾病等预防措施要健全，要有专人负责，以确保各项措施及时落实到位。（8）完善安全生产考核制度，实行安全问题一票否决制、安全生产互相监督制，提高自检自查意识，开展科室、班组经验交流和安全教育活动。（9）对构件和设备吊装、爆破、高空作业、拆除、上下交叉作业、夜间作业、疲劳作业、带电作业、汛期施工、地下施工、脚手架搭设及拆除等重要安全环节，必须开工前进行技术交底、安全交底，联合检查后，确认安全，方可开工。施工过程中，加强安全员的旁站检查，加强专职指挥协调工作。

六、施工安全技术措施计划与实施

（一）工程施工措施计划

1. 施工措施计划的主要内容

施工措施计划的主要内容包括工程概况、控制目标、控制程序、组织机构、职责权限、规章制度、资源配置、安全措施、检查评价、激励机制等。

2. 特殊情况应考虑安全计划措施

（1）对高处作业、井下作业等专业性强的作业，电器、压力容器等特殊工种作业，应制定单项安全技术规程，并对管理人员和操作人员的安全作业资格及身体状况进行检查。（2）对结构复杂、施工难度大、专业性较强的工程项目，除制定总体安全保证计划外，还须制定单位工程和分部分项工程安全技术措施。（3）制定和完善施工安全操作规程，编制各施工工种特别是危险性大的工种的施工安全操作要求，作为施工安全生产规范和考核的依据。（4）施工安全技术措施包括安全防护设施和安全预防措施，主要有防火、防毒、防爆、防洪、防尘、防雷击、防触电、防坍塌、防物体打击、防机械伤害、防起重机械滑落、防高空坠落、防交通事故、防寒、防暑、防疫、防环境污染等方面的措施。

（二）施工安全技术措施计划的落实

1. 安全生产责任制

安全生产责任制是指企业对项目经理部各部门、各类人员所规定的在他们各自职责范围内对安全生产应负责任的制度，建立安全生产责任制是施工安全技术措施的重要保证。

2. 安全教育

要树立全员安全意识，安全教育的要求如下：

（1）广泛开展安全生产的宣传教育，使全体员工真正认识到安全生产的重要性和必要性，掌握安全生产的基本知识，牢固树立安全第一的思想，自觉遵守安全生产的各项法律、法规和规章制度。（2）安全教育的主要内容有安全知识、安全技能、设备性能、操作规程、安全法规等。（3）对安全教育要建立经常性的安全教育考核制度。考核结果要记入员工人事档案。（4）一些特殊工种，如工、电焊工、架子工、司炉工、爆破工、机操工、起重工、机械司机、机动车辆司机等，除一般安全教育外，还要进行专业技能培训，经考试合格后，取得资格，才能上岗工作。（5）工程施工中采用新技术、新工艺、新设备时，或人员调动新工作岗位，也要进行安全教育和培训，否则不能上岗。

3. 安全技术交底

（1）基本要求

实行逐级安全技术交底制度，从上到下，直到全体作业人员。安全技术交底工作必须具体、明确、有针对性；交底的内容要针对分部分项工程施工中给作业人员带来的潜在危害，应优先采用新的安全技术措施。应将施工方法、施工程序、安全技术措施等优先向工段长、班级组长进行详细交底；定期向多工种交叉施工或多个作业队同时施工的作业队进行书面交底，并保持书面交底的交接的书面签字记录。

（2）主要内容

工程施工项目作业特点和危险点，针对各危险点的具体措施，应注意的安全事项，对应的安全操作规程和标准，发生事故应及时采取的应急措施。

七、施工安全检查

施工安全检查的目的是消除安全隐患、防止安全事故发生、改善劳动条件及提高员工的安全生产意识。施工安全检查是施工安全控制工作的重要内容，通过安全检查可以发现工程中的危险因素，以便有计划地采取相应措施，保证安全生产的顺利进行。项目的施工生产安全检查应由项目经理组织，定期进行检查。

（一）施工安全检查的类型

施工安全检查类型分为日常性检查、专业性检查、季节性检查、节假日前后检查及不定期检查等。

1. 日常性检查

日常性检查是经常的、普遍的检查，一般每年进行1~4次。项目部、科室每月至少进行一次，施工班组每周、每班次都应进行检查，专职安全技术人员的日常检查应有计划、有部位、有记录、有总结、周期性进行。

（2）专业性检查

专业性检查是指针对特种作业、特种设备、特殊场地进行的检查，如电焊、气焊、起重设备、运输车辆、锅炉压力熔器、易燃易爆场所等，由专业检查员进行检查。

（3）季节性检查

季节性检查是根据季节性的特点，为保障安全生产的特殊要求所进行的检查，如春季空气干燥、风大，重点查防火、防爆；夏季多雨、雷、电及高温，重点防暑、降温、防汛、防雷击、防触电；冬季防寒、防冻等。

（4）节假日前后检查

节假日前后检查是针对节假期间容易产生的麻痹思想的特点而进行的安全检查，包括假前的综合检查和假后的遵章守纪检查等。

（5）不定期检查

不定期检查是指在工程开工前、停工前、施工中、竣工、试运转时进行的安全检查。

(二)安全检查的注意事项

(1)安全检查要深入基层,紧紧依靠员工,坚持领导与群众相结合的原则,组织好检查工作。(2)建立检查的组织领导机构,配备适当的检查力量,选聘具有较高技术业务水平的专业人员。(3)做好检查各项准备工作,包括思想、业务知识、法规政策、检查设备和奖励等准备工作。(4)明确检查的目的、要求,既严格要求,又防止一刀切,从实际出发,分清主次,力求实效。(5)把自查与互查相结合,基层以自查为主,管理部门之间相互检查、互相学取长补短,交流经验。(6)检查与整改相结合,检查是手段,整改是目的,发现问题及时采取切实可行的防范措施。(7)建立检查档案,结合安全检查的实施,逐步建立健全检查档案,收集基本数据、掌握基本安全状态,为及时消除隐患提供数据,同时也为以后的职业健康安全检查打下基础。(8)制订安全检查表时,应根据用途和目的具体确定安全检查表的种类。安全检查表的种类主要有设计用安全检查表、厂级安全检查表、车间安全检查表、班组安全检查表、岗位安全检查表、专业安全检查表,制订安全检查表要在安全技术部门的指导下,充分依靠员工来进行,初步制订安全检查表后,经过讨论、试用再加以修订,制订安全检查表。

(三)施工安全检查的主要内容

安全生产检查的主要内容是做好以下五方面。

1. 查思想

主要检查企业干部和员工对安全生产工作的认识。

2. 查管理

主要检查安全管理是否有效,包括安全生产责任制、安全技术措施计划、安全组织机构、安全保证措施、安全技术交底、安全教育、持证上岗、安全设施、安全标识、操作规程、违规行为、安全记录等。

3. 检隐患

主要检查作业现场是否符合安全生产的要求,存在的不安全因素。

4. 查事故

要查明安全事故的原因、明确责任、对责任人做出处理,明确落实整改措施等要求,还要检查对伤亡事故是否及时报告、认真调查、严肃处理。

5. 查整改

主要检查对过去提出的问题的整改情况。

(四)安全检查的主要规定

(1)定期对安全控制计划的执行情况进行检查、记录、评价、考核,对作业中存在的安全隐患,签发安全整改通知单,要求相应部门落实整改措施并进行检查。(2)根据工程施工过程的特点和安全目标的要求确定安全检查的内容。(3)安全检查应配备必要的设备,确定检查组成人员,明确检查方法和要求。(4)检查方法采取随机抽样、现场观察、实地检测等,记录检查结果,纠正违章指挥和违章作业。(5)对检查结果进行分析,找出安全隐患,评价安全状态。(6)编写安全检查报告并上交。

(五)安全事故处理的原则

安全事故处理要坚持以下四个原则:(1)事故原因不清楚不放过。(2)事故责任者和员工没受教育不放过。(3)事故责任者没受处理不放过。(4)没有制订防范措施不放过。

八、安全事故处理程序

安全事故处理程序如下:
(1)报告安全事故。(2)处理安全事故,抢救伤员,排除险情,防止事故扩大,做好标识保护现场。(3)进行安全事故调查。(4)对事故责任者进行处理。(5)编写调查报告并上报。

九、水利工程重大质量安全事故应急预案

为提高应对水利工程建设重大质量与安全事故的能力,做好水利工程建设重大质量与安全事故应急处置工作,有效预防、及时控制和消除水利工程建设重大质量与安全事故的危害,最大限度地减少人员伤亡和财产损失,保证工程建设质量与施工安全以及水利工程建设顺利进行,结合水利工程建设实际,制定了水利工程建设重大质量与安全事故应急预案。

按照不同的责任主体,国家突发公共事件应急预案体系设计为国家总体应急预案、专项应急预案、部门应急预案、地方应急预案、企事业单位应急预案五个层次。

应急预案是关于事故灾难的应急预案,其主要内容包括:

第一,应急预案适用于水利工程建设过程中突然发生且已经造成或者可能造成重大人员伤亡、重大财产损失,有重大社会影响或涉及公共安全的重大质量与安全事故

的应急处置工作。按照水利工程建设质量与安全事故发生的过程、性质和机制，水利工程建设重大质量与安全事故主要包括：施工中土石方塌方和结构坍塌安全事故；特种设备或施工机械安全事故；施工围堰坍塌安全事故；施工爆破安全事故；施工场地内道路交通安全事故；施工中发生的各种重大质量事故；其他原因造成的水利工程建设重大质量与安全事故；水利工程建设中发生的自然灾害（如洪水、地震等）、公共卫生事件、社会安全事件等，依照国家和地方相应应急预案执行。

第二，应急工作应当遵循"以人为本，安全第一；分级管理，分级负责；属地为主，条块结合；集中领导，统一指挥；信息准确，运转高效；预防为主，平战结合"的原则。

第三，水利工程建设重大质量与安全事故应急组织指挥体系由水利部及流域机构、各级水行政主管部门的水利工程建设重大质量与安全事故应急指挥部、地方各级人民政府、水利工程建设项目法人以及施；工等工程参建单位的质量与安全事故应急指挥部组成。

第四，在本级水行政主管部门的指导下，水利工程建设项目法人应当组织制订本工程项目建设质量与安全事故应急预案（水利工程项目建设质量与安全事故应急预案应当报工程所在地县级以上水行政主管部门以及项目法人的主管部门备案），建立工程项目建设质与安全事故应急处置指挥部。

第五，承担水利工程施工的施工单位应当制订本单位施工质量与安全事故应急预案，建立应急救援组织或者配备应急救援人员，配备必要的应急救援器材、设备，并定期组织演练。水利工程施工企业应明确专人维护救援器材、设备等。在工程项目开工前，施工单位应当根据所承担的工程项目施工特点和范围，制订施工现场施工质量与安全事故应急预案，建立应急救援组织或配备应急救援人员并明确职责。在承包单位的统一组织下，工程施工分包单位（包括工程分包和劳务作业分包）应，按照施工现场施工质量与安全事故应急预案，建立应急救援组织或配备应急救援人员并明确职责。施工单位的施工质量与安全事故应急预案、应急救援组织或配备的应急救援人员和职责应当与项目法人制订的水利工程项目建设质量与安全事故应急预案协调一致，并将应急预案报项目法人备案。

第六，重大质量与安全事故发生后，在今地政府的统一领导下，应当迅速组建重大质量与安全事故现场应急处置指挥机构，负责事故现场应急救援和处置的统一领导与指挥。

第七，预警预防行动。施工单位应当根据建设工程的施工特点和范围，加强对施工现场易发生重大事故的部位、环节进行监控，配备救援器材、设备，并定期组织演练。

第八，按事故的严重程度和影响范围，将水利工程建设质量与安全事故分为Ⅰ、Ⅱ、Ⅲ、Ⅳ四级。对应相应事故等级，采取Ⅰ级、Ⅱ级、Ⅲ级、Ⅳ级应急响应行动。

第九，水利工程建设重大质量与安全事故报告程序如下：水利工程建设重大质量与安全事故发生后，事故现场有关人员应当立即报告本单位负责人。项目法人、施工等单位应，立即将事故情况按项目管理权限如实向流域机构或水行政主管部门和事故所在地人民政府报告，最迟不得超过4小时。流域机构或水行政主管部门接到事故报告后，应当立即报告上级水行政主管部门和水利部工程建设事故应急指挥部。水利工程建设过程中发生生产安全事故的，应当同时向事故所在地安全生产监督局报告；特种设备发生事故，应当同时向特种设备安全监督管理部门报告。接到报告的部门应当按照国家有关规定，如实上报。报告的方式可先采用电话口头报告，随后递交正式书面报告。在法定工作日向水利部工程建设事故应急指挥部办公室报告，夜间和节假日向水利部总值班室报告，总值班室归口负责向国务院报告。各级水行政主管部门接到水利工程建设重大质量与安全事故报告后，应当遵循"迅速、准确"的原则，立即逐级报告同级人民政府和上级水行政主管部门。对于水利部直管的水利工程建设项目以及跨省（自治区、直辖市）的水利工程项目，在报告水利部的同时应当报告有关流域机构。特别紧急的情况下，项目法人和施工单位以及各级水行政主管部门可直接向水利部报告。

第十，事故报告内容分为事故发生时报告的内容以及事故处理过程中报告的内容，其中，事故发生后及时报告以下内容：发生事故的工程名称、地点、建设规模和工期，事故发生的时间、地点、简要经过、事故类别和等级、人员伤亡及直接经济损失初步估算；有关项目法人、施工单位、主管部门名称及负责人联系电话，施工单位的名称、资质等级；事故报告的单位、报告签发人及报告时间和联系电话等。

根据事故处置情况及时续报以下内容：有关项目法人、勘察、设计、施工、监理等工程参建单位名称、资质等级情况，单位及项目负责人的姓名以及相关执业资格；事故原因分析；事故发生后采取的应急处置措施及事故控制情况；抢险交通道路可使用情况；其他需要报告的有关事项等。

第十一，事故现场指挥协调和紧急处置：水利工程建设发生质量与安全事故后，在工程所在地人民政府的统一领导下，迅速成立事故现场应急处置指挥机构负责统一领导、统一指挥、统一协调事故应急救援工作、事故现场应急处置指挥机构由到达现场的各级应急指挥部和项目法人、施工等工程参建单位组成。水利工程建设发生重大质量与安全事故后，项目法人和施工等工程参建单位必须迅速有效地实施先期处置，防止事故进一步扩大，并全力协助开展事故应急处置工作。

第十二，各级应急指挥部应当组织好三支应急救援基本队伍、工程设施抢险队伍，由工程施工等参建单位的人员组成，负责事故现场的工程设施抢险和安全保障工作。专家咨询队伍由从事科研、勘察、设计、施工、监理、质量监督、安全监督、质量检测等工作的技术人员组成，负责事故现场的工程设施安全性能评价与鉴定，研究应急方案、提出相应应急对策和意见，并负责从工程技术角度对已发事故还可能引起或产生的危险因素进行及时分析预测。

应急管理队伍由各级水行政主管部门的有关人员组成，负责接收同级人民政府和上级水行政主管部门的应急指令，组织各有关单位对水利工程建设重大质量与安全事故进行应急处置，并与有关部门进行协调和信息交换。

经费与物资保障应当做到地方各级应急指挥部确保应急处置过程中的资金和物资供给。

第十三，宣传、培训和演练。其中，公众信息交流应当做到：水利部应急预案及相关信息公布范围至流域机构省级水行政主管部门。项目法人制订的应急预案应当公布至工程各参建单位及相关责任人，并向工程所在地人民政府及有关部门备案。

水利部负责对各级水行政主管部门以及国家重点建设项目的项目法人应急指挥机构有关工作人员进行培训。项目法人应当组织水利工程建设各参建单位人员进行各类质量与安全事故及应急预案教育，对应急救援人员进行上岗前培训和常规性培训。培训工作应结合实际，采取多种形式，定期与不定期相结合，原则上每年至少组织一次。

第十四，监督检查。水利部工程建设事故应急指挥部对流域机构、省级水行政主管部门应急指挥部实施应急预案进行指导和协调。按照水利工程建设管理事权划分，由水行政主管部门应急指挥部对项目法人以及工程项目施工单位应急预案进行监督检查。项目法人应急指挥部对工程各参建单位实施应急预案进行督促检查。

第三节　水利工程安全文明施工要求与措施

一、水利工程文明建设工地的要求

（一）评选组织及申报条件

（1）水利系统文明建设工地的评审工作由水利部优质工程审定委员会负责。其审定委员会办公室负责受理工程项目的申报资格初审等日常工作。（2）水利系统文明建设工地每两年评选一次。（3）申报水利系统文明建设工地的项目，应满足下列条件：已完工程量一般应达全部建安工程量的30%以上；工程未发生过严重违法乱纪事件和重大质量安全事故；符合水利文明建设工地考核标准的要求。（4）水利系统文明建设工地由项目法人或建设单位负责申报。部直属项目，由项目法人或建设单位直接上报。以水利部投资为主的项目跨省、自治区边界的项目由流域机构进行审查后上报。地方项目，由省、自治区、直辖市水利（水电）厅（局）审查后上报。（5）在进行检查评比的基础上，推荐工程项目，要坚持高标准、严要求，认真审查，严格把关。（6）申报单位须填写"水利系统文明建设工地申报表"一式两份，其中一份应附项目简介以及反映工程文明工地建设的录像带或照片等有关资料，于当年的4月报水利部优质工程审定委员会办公室。

（二）评审

（1）根据申报工程情况，由审定委员会办公室组织对有关工程的现场进行复查，并提出复查报告。（2）申报单位申报和接受复查，不得弄虚作假，不得行贿送礼，不得超标准接待。对违反者，视情节轻重，给予通报批评、警告或取消其申报资格。（3）评审人员要秉公办事，严守纪律，自觉抵制不正之风。对违反者，视其情节轻重，给予通报批评、警告或取消其评审资格。

（三）奖励

评为水利系统文明建设工地的项目，由水利部建设司、人事劳动教育司、精神文明建设指导委员会办公室联合授予建设单位奖牌；授予设计、监理有关施工单位奖状。项目获奖将作为评选水利部优质工程的重要因素予以考虑。

（四）获奖后违纪处理

工程项目获奖后，如发生严重违法违纪案件和重大质量、安全事故的，将取消其曾获得的"水利系统文明建设工地"称号。

（五）水利系统文明建设工地考核标准

1. 精神文明建设

（1）成立创建文明建设工地的组织机构，制定创建文明建设工地的规划和办法并认真实行。(2)有计划地组织广大职工开展爱国主义、集体主义、社会主义教育活动。(3) 积极开展职业道德、职业纪律教育，制订并执行岗位和劳动技能培训计划。（4）群众文体生活丰富多彩，职工有良好的精神面貌，工地有良好的文明氛围，宣传工作抓得好。

（5）工程建设各方能够遵纪守法，无违法违纪和腐败现象。

2. 工程建设管理水平

（1）工程实施符合基本建设程序

工程建设符合国家的政策、法规，严格按基建程序办事；按有关文件实行招标投标制和建设监理制规范；工程实施过程中，能严格按合同管理，合理控制投资、工期、质量，验收程序符合要求；建设单位与监理、施工、设计单位关系融洽及协调。

（2）工程质量管理井然有序

工程施工质量检查体系及质量保证体系健全；工地试验室拥有必要的检测设备；各种档案资料真实可靠，填写规范、完整；工程内在、外观质量优良，单元工程优良品率达到70%以上，未发生过重大质量事故；出现质量事故能按"四不放过"原则及时处理。

（3）施工安全措施周密

建立了以责任制为核心的安全管理和保证体系，配备了专职或兼职安全员；认真贯彻国家有关施工安全的各项规定及标准，并制定了安全保证制度；施工现场无不符合安全操作规程状况；一般伤亡事故控制在标准内，未发生过重大安全事故。

3. 施工区环境

（1）现场材料堆放、施工机械停放有序整齐。（2）施工现场道路平整、畅通。（3）施工现场排水畅通，无严重积水现象。（4）施工现场做到工完场清，建筑垃圾集中堆放并及时清运。（5）危险区域有醒目的安全警示牌，夜间作业要设警示灯。（6）施工区与生活区应挂设文明施工标牌或文明施工规章制度。（7）办公室、宿舍、食堂等公共场所整洁卫生、有条理。（8）工区内社会治安环境稳定，未发生严重打架斗殴事件等社会丑恶现象。（9）能注意正确协调处理与当地政府和周围群众的关系。

二、安全文明施工措施

根据国家相关规定以及各省、直辖市有关文明施工管理的要求，施工单位应规范施工现场，创造良好生产，生活环境，保障职工的安全与健康，做到文明施工、安全有序、整洁卫生，不扰民、不损害公众利益。

（一）现场大门和围挡设置

施工现场设置钢质大门，大门牢固、美观。大门高度不宜低于4m，大门上应标有企业标识。施工现场的围挡必须沿，工地四周连续设置，不得有缺口，并且围挡要坚固、平稳、严密、整洁、美观。围挡的高度：市区主要路段不宜低于2.5m，一般路段不低于1.8m。围挡材料应选用砌体、金属板材等硬质材料，禁止使用彩条布竹笆、安全网等易变形材料。建设工程外侧周边使用密目式安全网进行防护。

（二）现场封闭管理

施工现场出入口设专职门卫人员，加强对现场材料、构件、设备的进出监督管理。为加强对出入现场人员的管理，施工人员应佩戴工作卡以示证明。根据工程的性质和特点，出入大门口的形式，各企业各地区可按各自的实际情况确定。

（三）施工场地布置

第一，施工现场大门内必须设置明显的"五牌一图"（工程概况牌、安全生产制度牌、文明施工制度牌、环境保护制度牌、消防保卫制度牌及施工，现场平面布置图），标明工程项目名称、建设单位、设计单位、施工单位、监理单位、工程概况及开工日期、竣工日期等。

第二，对于文明施工、环境保护和易发生伤亡事故（或危险）处，应设置明显的、符合国家标准要求的安全警示标志牌。

第三，设置施工现场安全"五标志"，即指令标志（佩戴安全帽、系安全带等）、禁止标志（禁止通行、严禁抛物等）、警告标志（当心落物、小心坠落等）、电力安全标志（禁止合闸、当心有电等）和提示标志（安全通道、火警、盗警、急救中心电话等）。

第四，现场主要运输道路尽量采用循环方式设置或有车辆调头的位置保证道路通畅。现场道路有条件的时采用混凝土路面，无条件的采用其他硬化路面。现场地面也应进行硬化处理，以免现场扬尘，雨后泥泞。施工现场必须有良好的排水设施，保证排水畅通。

第五，现场内的施工区、办公区和生活区要分开设置，保持安全距离，并设标志牌。办公区和生活区应根据实际条件进行绿化。

第六，各类临时设施必须根据施工总平面图布置，而且要整齐、美观。办公和生活用的临时设施宜采用轻体保温或隔热的活动房，既可多次周转使用，降低暂设成本，又时达到整洁美观的效果。

第七，施工现场临时用电线路的布置，必须符合安装规范和安全操作规程的要求，严格按施工：组织设计进行架设，严禁任意拉线接电，而且必须设有保证施工要求的夜间照明。

第八，工程施工的废水、泥浆应经流水槽或管道流到工地集水池统一沉淀处理，不得随意排放和污染施工区域以外的河、路面。

（四）现场材料、工具堆放

施工现场的材料构件、工具必须按施工平面图规定的位置堆放，不得侵占场内道路及安全防护等设施。各种材料、构件堆放应按品种，分规格整齐堆放，并设置明显标志牌。施工作业区的垃圾不得长期堆放，要随时清理，做到每天工完场清。易燃易爆物品不能混放，要有集中存放的库房。班组使用的零散易燃易爆物品，必须按有关规定存放。楼梯、休息平台、阳台临边等地方不得堆放物料。

（五）施工现场安全防护布置

根据住房和城乡建设部有关建筑工程安全防护的有关规定，项目经理部必须做好施工现场安全防护工作。

（1）施工临边、洞口交叉、高处作业及楼板、屋面、阳台等临边防护，必须采用密目式安全立网全封闭，作业层要另加防护栏杆和18cm高的踢脚板。（2）通道口设防护棚，防护棚应为不小于5cm厚的木板或两道相距50cm的竹笆，两侧应沿栏杆架用密目式安全网封闭。（3）预留洞口用木板全封闭防护，对于短边超过1.5m长的洞口，除封闭外四周还应设有防护栏杆。（4）电梯井口设置定型化、工具化、标准化的防护门，在电梯井内每隔两层设置一道安全平网。（5）楼梯边设1.2m高的定型化、工具化、标准化的防护栏杆，18cm高的踢脚板。（6）垂直方向交叉作业，应设置防护隔离棚或其他设施防护。（7）高空作业施工，必须有悬挂安全带的悬索或其他设施，有操作平台，有上下的梯子或其他形式的通道。

（六）施工现场防火布置

（1）施工现场应根据工程实际情况，订立消防制度或消防措施。（2）按照不同作业条件和消防有关规定，合理配备消防器材，符合消防要求。消防器材设置点要有明显标志，夜间设置红色警示灯。消防器材应垫高设置，周围2m内不准乱放物品。（3）当建筑施工高度超过30m（或当地规定）时，为防止单纯依靠消防器材灭火不能满足要求，应配备有足够的消防水源和自救的用水量。扑救电气火灾不得用水，应使用干粉灭火器。（4）在容易发生火灾的区域施工或储存、使用易燃易爆器材时，必须采取特殊的消防安全措施。（5）现场动火，必须经有关部门批准，设专人管理。五级风及以上禁止使用明火。（6）坚决执行现场防火"五不走"的规定，即交接班不交代不走、用火设备火源不熄灭不走、用电设备不拉闸不走、可燃物不清干净不走、发现险情不报告不走。

(七) 施工现场生活设施布置

（1）职工生活设施要符合卫生、安全、通风、照明等要求。（2）职工的膳食，饮水供应等应符合卫生要求。炊事员必须有卫生防疫部门颁发的体检合格证。生熟食分别存放，炊事员要穿白色工作服，食堂卫生要定期清扫检查。（3）施工现场应设置符合卫生要求的厕所，有条件的应设水冲式厕所，并有专人清扫管理。现场应保持卫生，不得随地大小便。（4）生活区应设置满足使用要求的淋浴设施和管理制度。（5）生活垃圾要及时清理，不能与施工垃圾混放，并设专人管理。（6）职工宿舍要考虑到季节性的要求，冬季应有保暖、防煤气中毒措施；夏季应有消暑、防虫叮咬措施，保证施工人员的良好睡眠。（7）宿舍内床铺及各种生活用品放置要整齐，通风良好，并要符合安全疏散的要求。（8）生活设施的周围环境要保持良好的卫生条件，周围道路、院区平整，并要设置垃圾箱和污水池，不得随意乱泼乱倒。

第四章　水利工程施工成本、合同管理

第一节　水利工程施工成本管理

一、施工成本管理的基本任务

（一）施工项目成本的概念

施工项目成本是指建筑施工企业完成单位施工项目所发生的全部生产费用的总和，包括：完成该项目所发生的人工费、材料费、施工机械使用费、措施项目费、管理费，但是不包括利润和税金，也不包括构成施工项目价值的一切非生产性支出。

（二）施工项目成本的主要形式

1. 直接成本和间接成本

按照生产费用计入成本的方法可分为直接成本和间接成本。直接成本是指直接用于并能够直接计入施工项目的费用，比如人工工资、材料费用等。间接成本是指不能够直接计入施工项目的费用，只能按照一定的计算基数和一定的比例分配计入施工项目的费用，比如管理费、规费等。

2. 固定成本和变动成本

按照生产费用与产量的关系可分为固定成本和变动成本。固定成本是指在一定期间和一定工程量的范围内，成本的数量不会随工程量的变动而变动。如折旧费、大修费等。变动成本是指成本的发生会随工程量的变化而变动的费用。如人工费、材料费等。

3. 预算成本、计划成本和实际成本

按照控制的目标，从发生的时间可分为预算成本、计划成本和实际成本。

预算成本是根据施工图结合国家或地区的预算定额及施工技术等条件计算出的工程费用。它是确定工程造价的依据，也是施工企业投标的依据，同时也是编制计划成本和考核实际成本的依据。它反映的是一定范围内的平均水平。

计划成本是施工项目经理在施工前，根据施工项目成本管理目的，结合施工项目的实际管理水平编制的计算成本。它有利于加强项目成本管理、建立健全施工项目成本责任制，控制成本消耗，提高经济效益。它反映的是企业的平均先进水平。

实际成本是施工项目在报告期内通过会计核算计算出的项目的实际消耗。

（三）施工项目成本管理的基本内容

施工项目成本管理包括成本预测和决策、成本计划编制、成本计划实施、成本核算、成本检查、成本分析及成本考核。成本计划的编制与实施是关键的环节。因此，进行施工项目成本管理的过程中，必须具体研究每一项内容的有效工作方式和关键控制措施，从而取得施工项目整体的成本控制效果。

1. 施工项目成本预测

施工项目成本预测是根据一定的成本信息结合施工项目的具体情况，采取一定的方法对施工项目成本可能发生或发展的趋势做出的判断和推测。成本决策则是在预测的基础上确定出降低成本的方案，并从可选的方案中选择最佳的成本方案。

成本预测的方法有定性预测法和定量预测法。

（1）定性预测法

定性预测法是指具有一定经验的人员或有关专家依据自己的经验和能力水平对成本未来发展的态势或性质做出分析和判断。该方法受人为因素影响很大，并且不能量化。具体包括：专家会议法、专家调查法（特尔菲法）、主管概率预测法。

（2）定量预测法

定量预测法是指根据收集的比较完备的历史数据，运用一定的方法计算分析，以此来判断成本变化的情况。此法受历史数据的影响较大，可以量化。具体包括：移动平均法、指数滑移法、回归预测法。

2. 施工项目成本计划

计划管理是一切管理活动的首要环节，施工项目成本计划是在预测和决策的基础上对成本的实施做出计划性的安排和布置，是施工项目降低成本的指导性文件。

制订施工项目成本计划的原则如下：

（1）从实际出发

根据国家的方针政策，从企业的实际情况出发，充分挖掘企业内部潜力，使降低成本指标切实可行。

（2）与其他目标计划相结合

制订工程项目成本计划必须与其他各项计划如施工方案、生产进度、财务计划等密切结合。一方面，工程项目成本计划要根据项目的生产、技术组织措施、劳动工资、材料供应等计划来编制；另一方面，工程项目成本计划又影响着其他各种计划指标适应降低成本指标的要求。

（3）采用先进的经济技术定额的原则

根据施工的具体特点有针对地采取切实可行的技术组织措施来保证。

（4）统一领导、分级管理

在项目经理的领导下，以财务和计划部门为中心，发动全体职工共同总结降低成本的经验，找出降低成本的正确途径。

（5）弹性原则

应留有充分的余地，保持目标成本的一定弹性，在制定期内，项目经理部内外技术经济状况和供销条件会发生一些不可预料的变化，尤其是供应材料，市场价格千变万化，给目标的制定带来了一定的困难，因而在制定目标时应充分考虑这些情况，使成本计划保持一定的适应能力。

3. 施工项目成本控制

成本控制包括事前控制、事中控制和事后控制。成本计划属于事前控制；此处所讲的控制是指项目在施工过程中，通过一定的方法和技术措施，加强对各种影响成本的因素进行管理，将施工中所发生的各种消耗和支出尽量控制在成本计划内，属于事中控制。

（1）工程前期的成本控制

成本的事前控制是通过成本的预测和决策，落实降低成本措施，编制目标成本计划而层层展开的，其中分为工程投标阶段和施工准备阶段。

（2）实施期间成本控制

实施期间成本控制的任务是建立成本管理体系；项目经理部应将各项费用指标进行分解，以确定各个部门的成本指标；加强成本的控制。事中控制要以合同造价为依据，从预算成本和实际成本两方面控制项目成本。实际成本控制应包括对主要工料的数量和单价、分包成本和各项费用等影响成本的主要因素进行控制。其中主要是加强施工任务单和限额领料单的管理；将施工任务单和限额领料单的结算资料与施工预算进行核对，计算分部分项工程的成本差异，分析差异原因，采取相应的纠偏措施；做好月度成本原始资料的收集和整理核算；在月度成本核算的基础上，实行责任成本核算。经常检查对外经济合同履行情况；定期检查各责任部门和责任者的成本控制情况，检查责、权、利的落实情况。

（3）竣工验收阶段的成本控制

事后控制主要是重视竣工验收工作，对照合同价的变化，将实际成本与目标成本之间的差距加以分析，进一步挖掘降低成本的潜力。其中主要是安排时间，完成工程竣工扫尾工程，把时间降到最低；重视竣工验收工作，顺利交付使用；及时办理工程结算；在工程保修期间，应有项目经理指定保修工作者，并责成保修工作者提交保修计划；将实际成本与计划成本进行比较，计算成本差异，明确是节约还是浪费；分析成本节约或超支的原因和责任归属。

（4）施工项目成本核算

施工项目成本核算是指对项目产生过程所发生的各种费用进行核算。它包括两个基本的环节：一是归集费用，计算成本实际发生额；二是采取一定的方法，计算施工项目的总成本和单位成本。

（5）施工项目成本分析

施工项目成本分析就是在成本核算的基础上采取一定的方法，对所发生的成本进行比较分析，检查成本发生的合理性，找出成本的变动规律，寻求降低成本的途径。主要有比较法、连环替代法、差额计算法和净值法。

（6）成本考核

成本考核就是在施工项目竣工后，对项目成本的负责人，考核其成本完成情况，以做到有奖有罚，避免"吃大锅饭"，以提高职工的劳动积极性。

第一，施工项目成本考核的目的是通过衡量项目成本降低的实际成果，对成本指标完成情况进行总结和评价。

第二，施工项目成本考核应分层进行，企业对项目经理部进行成本管理考核，项目经理部对项目部内部各作业队进行成本管理考核。

第三，施工项目成本考核的内容是：既要对计划目标成本的完成情况进行考核，又要对成本管理工作业绩进行考核。

第四，施工项目成本考核的要求：①企业对项目经理部考核的时候，以责任目标成本为依据；②项目经理部以控制过程为考核重点；③成本考核要与进度、质量、安全指标的完成情况相联系；④应形成考核文件，为对责任人进行奖罚提供依据。

二、施工成本控制的基本方法

施工项目成本控制过程中,因为一些因素的影响,会发生一定的偏差,所以应采取相应的措施、方法进行纠偏。

(一)施工项目成本控制的原则

(1)以收定支的原则;(2)全面控制的原则;(3)动态性原则;(4)目标管理原则;(5)例外性原则;(6)责、权、利、效相结合的原则。

(二)施工项目成本控制的依据

(1)工程承包合同;(2)施工进度计划;(3)施工项目成本计划;(4)各种变更资料。

(三)施工项目成本控制步骤

(1)比较施工项目成本计划与实际的差值,确定是节约还是超支;(2)分析节约还是超支的原因;(3)预测整个项目的施工成本,为决策提供依据;(4)施工项目成本计划在执行的过程中出现偏差,采取相应的措施加以纠正;(5)检查成本完成情况,为今后的工作积累经验。

(四)施工项目成本控制的手段

1. 计划控制

计划控制是用计划的手段对施工项目成本进行控制。施工项目成本预测和决策为成本计划的编制提供依据。编制成本计划首先要设计降低成本技术组织措施,然后编制降低成本计划,将承包成本额降低而形成计划成本,成为施工过程中成本控制的标准。

2. 预算控制

预算控制是在施工前根据一定的标准(如定额)或者要求(如利润)计算的买卖(交易)价格,在市场经济中也可以叫做估算或承包价格。它作为一种收入的最高限额,减去与预期利润,便是工程预算成本数额,也可以用来作为成本控制的标准。用预算控制成本可分为两种类型:一是包干预算,即一次性包死预算总额,不论中间有何变化,成本总额不予调整;二是弹性预算,即先确定包干总额,但是可根据工程的变化进行商洽,做出相应的变动,我国目前大部分是弹性预算控制。

3. 会计控制

会计控制是指以会计方法为手段，以记录实际发生的经济业务及证明经济业务的合法凭证为依据，对成本的支出进行核算与监督，从而发挥成本控制作用。会计控制方法系统性强、严格、具体、计算准确、政策性强，是理想的也是必须的成本控制方法。

4. 制度控制

制度是对例行活动应遵行的方法、程序、要求及标准做出的规定。成本的控制制度就是通过制定成本管理的制度，对成本控制做出具体的规定，作为行动的准则，约束管理人员和工人，达到控制成本的目的。如成本管理责任制度、技术组织措施制度、成本管理制度、定额管理制度、材料管理制度、劳动工资管理制度、固定资产管理制度等，都与成本控制关系非常密切。

在施工项目成本管理中，上述手段是同时进行、综合使用的，不应孤立地使用某一种成本控制手段。

5. 施工项目成本的常用控制方法

（1）偏差分析法

施工项目成本偏差 = 已完工程实际成本 − 已完工程计划成本

分析：结果为正数，表示施工项目成本超支，否则为节约。该方法为事后控制的一种方法，也可以说是成本分析的一种方法。

（2）以施工图预算控制成本

施工过程中的各种消耗量，包括人工工日、材料消耗、机械台班消耗量的控制依据，以施工图预算所确定的消耗量为标准，人工单价、材料价格、机械台班单价按照承包合同所确定的单价位控制标准。用此法，要认真分析企业实际的管理水平与定额水平之间的差异，否则达不到成本控制的目的。

①人工费的控制

项目经理与施工作业队签订劳动合同时，应该将人工费单价定得低一些，其余的部分可以用于定额外人工费和关键工序的奖励费。这样，人工费就不会超支，而且还留有余地，以备关键工序之需。

②材料费的控制

按"量价分离"方法计算工程造价的条件下，水泥、钢材、木材的价格以市场价格而定，实行高进高出，地方材料的预算价格为：基准价 × （1 + 材差系数）。由于材料价格随市场价格变动频繁，所以项目材料管理人员必须经常关注材料市场价格的变动，并累及详细的市场信息。

③周转设备使用费的控制

施工图预算中的周转设备使用费等于耗用数乘以市场价格,而实际发生的周转设备使用费等于企业内部的租赁价格,或摊销率,由于两者的计算方法不同,只能以周转设备预算费用的总量来控制实际发生的周转设备使用费的总量。

④施工机械使用费的控制

施工图预算中的机械使用费等于工程量乘以定额台班单价。由于施工项目的特殊性,实际的机械使用率不可能达到预算定额的取定水平;加上机械的折旧率又有较大的滞后性,往往使施工图预算的施工机械使用费小于实际发生的机械使用费。在这种情况下,就可以以施工图预算的机械使用费和增加的机械费补贴来控制机械费的支出。

⑤构件加工费和分包工程费的控制

在市场经济条件下,混凝土构件、金属构件、木制品和成型钢筋的加工,以及相关的打桩、吊装、安装、装饰和其他专项工程的分包,都要以经济合同来明确双方的权利和义务。签订这些合同的时候绝不允许合同金额超过施工图预算。

(3)以施工预算控制成本消耗

施工过程中的各种消耗量,包括人工工日、材料消耗、机械台班消耗量的控制依据,施工图预算所确定的消耗量为标准,人工单价、材料价格、机械台班单价按照承包合同所确定的单价为控制标准。该方法由于所选的定额是企业定额,它反映企业的实际情况、控制标准,相对能够结合企业的实际,比较切实可行。

三、施工成本降低的措施

降低施工项目成本的途径,应该是既开源又节流,只开源不节流或者说只节流不开源,都不可能达到降低成本的目的。其主要是控制各种消耗和单价的,另一方面是增加收入。

(一)加强图纸会审,减少设计浪费

施工单位应该在满足用户的要求和保证工程质的前提下,联系项目施工的主、客观条件,对设计图纸进行认真的会审,并提出积极的修改意见,在取得用户和设计单位的同意后,修改设计图纸,同时办理增减账。

(二)加强合同预算管理,增加工程预算收入

深入研究招标文件、合同文件、正确编写施工图预算;把合同规定的"开口"项

目作为增加预算收入的重要方面；根据工程变更资料及时办理增、减账。因此，项目承包方应就工程变更对既定施工方法、机械设备使用、材料供应、劳动力调配和工期目标影响程度，以及实施变更内容所需要的各种资料进行合理估价，及时办理增、减账手续，并通过工程结算从建设单位取得补偿。

（三）制订先进合理的施工方案，减少不必要的窝工等损失

施工方案的不同、工期就不同，所需的机械就不同，因而发生的费用也不同。因此，制订施工方案要以合同工期和上级要求为依据，联系项目规模、性质、复杂程度、现场条件、装备情况、人员素质等因素综合考虑。

（四）落实技术措施，组织均衡施工，保证施工质量，加快施工进度

第一，根据施工具体实际情况，合理规划施工现场的平面布置（包括机械布置、材料、构件的放置场地，车辆进出施工现场的运输道路，临时设施搭建数量和标准等），为文明施工、减少浪费创造条件。

第二，严格执行技术规范和预防为主的方针，确保工程质量，减少零星工程的修补，消灭质量事故，不断降低质量成本。

第三，根据工程的设计特点和要求，运用自身的技术优势，采取有效的技术组织措施，实行经济与技术相结合的方式。

第四，严格执行安全施工操作规程，减少一般安全事故，确保安全生产，将事故损失降到最低。

（五）降低材料因为量差和价差所产生的材料成本

第一，材料采购和构件加工，要求质优、价廉、运距短的供应单位。对到场的材料、构件要正确计量、认真验收，如遇到不合格产品或用量不足要进行索赔。切实做到降低材料、构件的采购成本，减少采购加工过程中的管理损耗。

第二，根据项目施工的进度计划，及时组织材料、构件的供应，保证项目施工顺利进行，防止因停工造成的损失。在构件生产过程中，要按照施工顺序组织配套供应，以免因规格不齐造成施工间隙，浪费时间与人力。

第三，在施工过程中，严格按照限额领料制度，控制材料消耗，同时，还要做好余料回收和利用，为考核材料的实际消耗水平提供正确的数据。

第四，根据施工需要，合理安排材料储备，减少资金占用率，提高资金利用效率。

（六）提高机械的利用效果

第一，根据工程特点和施工方案，合理选择机械的型号、规格和数量。

第二，根据施工需要，合理安排机械施工，充分发挥机械的效能，减少机械使用成本。

第三，严格执行机械维修和养护制度，加强平时的机械维修保养，保证机械完好和在施工过程中运转良好。

四、工程价款结算与索赔

（一）工程价款的结算

1. 预付工程款

预付工程款是指施工合同签订后工程开工前，发包方预先支付给承包方的工程价款（该款项一般用于准备材料，又称工程备料款）。预付工程款不得超过合同金额的30%。

2. 工程进度款

工程进度款是指在施工过程中，根据合同约定按照工程形象进度，划分不同阶段支付的工程款。

3. 竣工结算

竣工结算是指工程竣工后，根据施工合同、招投标文件、竣工资料、现场签证等，编制的工程结算总造价文件。根据竣工结算文件，承包方与发包方办理竣工总结算。

4. 工程尾款

工程尾款是指工程竣工结算时，保留的工程质量保证（保修）金，待工会交付使用质保。

（二）结算办法

1. 预付工程款

第一，包工包料工程的预付款按合同约定拨付，原则上预付比例不低于合同金额的10%，不高于合同金额的30%，对重大工程项目，按年度工程计划逐年预付。

第二，在具备施工条件的前提下，发包人应在双方签订合同后的一个月内或不迟于约定的开工日期前的7d内预付工程款，发包人不按约定支付，承包人应在预付时间到期后10d内向发包人发出要求预付的通知，发包人收到通知后仍不按要求预付，承包人发出通知14d后停止施工，发包人应从约定应付之日起向承包人支付应付款利息，并承担违约责任。

第三，预付的工程款必须在合同中预定抵扣方式，并在工程进度款中进行抵扣。

第四，凡是没有签订合同或是不具备施工条件的工程，发包人不得预付工程款，不得以预付款的名义转移资金。

2. 工程进度款

（1）按月结算与支付

即实行按月支付进度款，竣工后清算的方法。合同工期在两年以上的工程，在年终进行工程盘点，办理年度结算。

（2）分段结算与支付

即当年开工、当年不能竣工的工程按照工程进度、形象进度，划分不同的阶段支付工程进度款。具体划分在合同中明确。

3. 工程进度款支付

第一，根据工程计量结果，承包人向发包人提出支付工程进度款申请，14d内发包人应按不低于工程价款的60%，不高于工程价款的90%向承包人支付工程进度款。按约定的时间发包人应扣回的预付款，与工程进度款同期结算抵扣。

一般情况下，预付工程款是在剩余工程款中的材料费等于预付工程款时开始抵扣，即"起扣点"。

第二，发包人超过约定的支付时间不支付工程进度款，承包人应及时向发包人发出要求付款的通知，发包人收到承包人通知后仍不能按照要求付款，可与承包人协商签订延期付款的协议，经承包人统一后可延期付款，协议应明确延期支付的时间和从工程计量结果确认后第15天起计算应付款的利息。

第三，发包人不按合同约定支付工程进度款，双方又未达成延期付款的协议，导致施工无法进行，承包人可停止施工，由发包人承担违约责任。

（三）竣工结算

工程竣工后，双方应按照合同价款、合同价款的调整内容及索赔事项，进行工程竣工结算。

1. 工程竣工结算的方式

工程竣工结算分为单位工程竣工结算、单项工程竣工结算和建设项目竣工总结算。

2. 工程竣工结算的审编

单位工程竣工结算由承包人编制，发包人审查；若实行总承包的工程，由具体承包人编制，在总承包人审查的基础上，发包人审查。

单项工程竣工结算或建设项目竣工总结算由总承包人编制，发包人可直接进行审查，也可以委托具有相关资质的工程造价机构进行审查政府投资项目，由同级财政部门审查。单项工程竣工结算或建设项目竣工总结算经发承包人签字盖章后有效。

3. 工程竣工结算审查期限

单项工程竣工后，承包人应在提交竣工验收报告的同时，向发包人递交竣工结算报告及完整的结算资料，发包人按以下规定时限进行核对并提交审查意见。500万元以下，从接到竣工结算报告和完整的竣工结算资料之日起20d；500万～2 000万元，从接到竣工结算报告和完整的竣工结算资料之日起30d；2 000万～5 000万元，从接到竣工结算报告和完整的竣工结算资料之日起45d；5 000万元以上，从接到竣工结算报告和完整的竣工结算资料之日起60d。

建设项目竣工总结在最后一个单项工程竣工结算审查确认后15d内汇总，送发包人后30d内审查完毕。

4. 合同外零星项目工程价款结算

发包人要求承包人完成合同以外零星项目，承包人应在接受发包人要求的7d内就用工数量和单价、机械台班数量和单价、使用材料金额等向发包人提出施工签证，发包人签证后施工，如发包人未签证，承包人施工后发生争议的，责任由承包人自负。

5. 工程尾款

发包人根据确认的竣工结算报告向承包人支付竣工结算款，保留5%左右的质量保证金，待工程交付使用一年质保期到期后清算，质保期内如有返修，发生费用应在质量保证金中扣除。

（四）工程索赔

1. 索赔的原因

（1）业主违约

业主违约常表现为业主或其委托人未能按合同约定为承包商提供施工的必要条件，或未能在约定的时间内支付工程款，有时也可能是监理工程师的不适当决定和苛刻的检查等。

（2）合同缺陷

合同文件规定不严谨甚至矛盾、有遗漏或错误等。由合同缺陷对于合同双方来说是不应该的，除非某一方存在恶意而另一方又太马虎。

（3）施工条件变化

施工条件的变化对工程造价和工期影响较大。

（4）工程变更

施工中发现设计问题、改变质量等级或施工顺序、指令增加新的工作、变更建筑材料、暂停或加快施工等常常是工程变更。

（5）工期拖延

施工中由于天气、水文地质等因素的影响常常出现工期拖延。

（6）监理工程师的指令

监理工程师的指令可能造成工程成本增加或工期延长。

（7）国家政策及法律、法规变更

对直接影响工程造价的政策及法律法规的变更，合同双方应约定办法处理。

2. 索赔的程序

（1）索赔意向通知书。（2）递交索赔报告。（3）监理工程师审查索赔报告。（4）监理工程师与承包商协商补偿。（5）监理工程师索赔处理决定。（6）业主审查索赔处理。（7）承包商对最终索赔处理态度。

3. 索赔价款结算

发包人未能按合同约定履行自己的各项义务或发生错误，给另一方造成经济损失的，由受损方按合同约定条款提出索赔，索赔金额按合同约定支付。

第二节　水利工程施工合同管理

一、工程施工合同管理概述

（一）工程承包合同管理的概念

工程承包合同管理指工程承包合同双方当事人在合同实施过程中自觉地、认真严格地遵守所签订合同的各项规定和要求，按照各自的权力，履行各自的义务、维护各自的权利，发扬协作精神，处理好"伙伴关系"，做好各项管理工作，使项目目标得到完整的体现。

虽然工程承包合同是业主和承包商双方的一个协议，包括若干合同文件，但合同管理的深层含义，应该引伸到合同协议签订之前。从下面三个方面来理解合同管理，才能做好合同管理工作。

1. 做好合同签订前的各项准备工作

虽然合同尚未签订，但合同签订前各方的准备工作对做好合同管理至关重要。

业主一方的准备工作包括合同文件草案的准备、各项招标工作的准备，做好评标工作，特别是要做好合同签订前的谈判和合同文稿的最终定稿。

合同中既要体现出在商务上和技术上的要求，有严谨明确的项目实施程序，又要明确合同双方的义务和权利。对风险的管理要按照合理分担的精神体现到合同条件中去。

业主方的另一个重要准备工作即是选择好监理工程师（或业主代表、CM经理等）。最好能提前选定监理单位，以使监理工程师能够参与合同的制订（包括谈判、签约等）过程，依据他们的经验，提出合理化建议，使合同的各项规定更为完善。

承包商一方在合同签订前的准备工作主要是制定投标战略，做好市场调研，在买到招标文件之后，要认真细心地分析研究招标文件，以便比较好地理解业主方的招标要求。在此基础上，一方面可以对招标文件中不完善以及错误之处向业主方提出建议；另一方面也必须做好风险分析，对招标文件中不合理的规定提出自己的建议，并力争在合同谈判中对这些规定进行适当的修改。

2. 加强合同实施阶段的合同管理

这一阶段是实现合同内容的重要阶段，也是一个相当长的时期。在这个阶段中合同管理的具体内容十分丰富，而合同管理的好坏直接影响到合同双方的经济利益。

3. 提倡协作精神

合同实施过程中应该提倡项目中各方的协作精神，共同实现合同的既定目标。在合同条件中，合同双方的权利和义务有时表现为相互间存在矛盾，相互制约的关系，但实际上，实现合同标的必然是一个相互协作解决矛盾的过程，在这个过程中，工程师起着十分重要的协调作用。一个成功的项目，必定是业主、承包商以及工程师按照一种项目伙伴关系，以协作的团队精神来共同努力完成项目。

（二）工程承包合同各方的合同管理

1. 业主对合同的管理

业主对合同的管理主要体现在施工合同的前期策划和合同签订后的监督方面。业主要为承包商的合同实施提供必要的条件；向工地派驻具备相应资质的代表，或者聘请监理单位及具备相应资质的人员负责监督承包商履行合同。

2. 承包商的合同管理

承包商的工程承包合同管理是最细致、最复杂，也是最困难的合同管理工作，主要以承包商作为论述对象。

在市场经济中，承包商的总体目标是通过工程承包获得盈利。这个目标必须通过两步来实现：（1）通过投标竞争，战胜竞争对手，承接工程，并签订一个有利的合同。（2）在合同规定的工期和预算成本范围内完成合同规定的工程施工和保修责任，全面地、正确地履行自己的合同义务，争取盈利。同时，通过双方圆满的合作，工程得以顺利实施，承包商赢得了信誉，为将来在新的项目上的合作和扩展业务奠定基础。

这要求承包商在合同生命期的每个阶段都必须有详细的计划和有力的控制，以减少失误，减少双方的争执，减少延误和不可预见费用支出。这一切都必须通过合同管理来实现。

承包合同是承包商在工程中的最高行为准则。承包商在工程施工过程中的一切活动都是为了履行合同责任。所以，广义地说，承包工程项目的实施和管理全部工作都可以纳入合同管理的范围。合同管理贯穿于工程实施的全过程和工程实施的各个方面。在市场经济环境中，施工企业管理和工程项目管理必须以合同管理为核心。这是提高管理水平和经济效益的关键。

但从管理的角度出发，合同管理仅被看作项目管理的一个职能，它主要包括项目管理中所有涉及合同的服务性工作。其目的是保证承包商全面地、正确地、有秩序地完成合同规定的责任和任务，它是承包工程项目管理的核心和灵魂。

3. 监理工程师的合同管理

业主和承包商是合同的双方，监理单位受业主雇用为其监理工程，进行合同管理，负责进行工程的进度控制、质控制、投资控制以及做好协调工作。他是业主和承包商合同之外的第三方，是独立的法人单位。

监理工程师对合同的监督管理与承包商在实施工程时的管理方法和要求都不一样。承包商是工程的具体实施者，他需要制订详细的施工进度和施工方法，研究人力，机械的配合和调度，安排各个部位施工的先后次序以及按照合同要求进行质量管理，以保证高速优质地完成工程。监理工程师不具体地安排施工和研究如何保证质量的具体措施，而是在宏观上控制施工进度，按承包商在开工时提交的施工进度计划以及月计划、周计划进行检查督促，对施工质量则是按照合同中技术规范，图纸内的要求进行检查验收。监理工程师可以向承包商提出建议，但并不对如何保证质量负责，监理工程师提出的建议是否采纳，由承包商自己决定，因为他要对工程质量和进度负责。对于成本问题，承包商要精心研究如何去降低成本，提高利润率。而监理工程师主要是按照合同规定，特别是工程量表的规定，严格为业主把住支付这一关，并且防止承包商的不合理的索赔要求。监理工程师的具体职责是在合同条件中规定的，如果业主要对监理工程师的某些职权做出限制，他应在合同专用条件中做出明确规定。

（三）合同管理与企业管理的关系

对于企业来说，企业管理都是以盈利为目的的。而盈利来自所实施的各个项目，各个项目的利润来自每一个合同的履行过程，而在合同的履行过程中能否获利，又取决于合同管理的好坏。因此说，合同管理是企业管理的一部分，并且其主线应围绕着合同管理，否则就会与企业的盈利目标不一致。

（四）合同管理的任务和主要工作

工程施工过程是承包合同的实施过程。要使合同顺利实施，合同双方必须共同完成各自的合同责任。在这一阶段承包商的根本任务要由项目部来完成，即项目部要按合同圆满地施工。

而国外有经验的承包商十分注重工程实施中的合同管理，通过合同实施管理不仅可以圆满地完成合同责任，而且可以挽回合同签订中的损失，改变自己的不利地位，通过索赔等手段增加工程利润。

1. 工程施工中合同管理的任务

项目经理和企业法定代表人签订"项目管理目标责任书"后，项目经理部合同管理机构人员（如合同工程师、合同管理员）向各工程小组负责人和分包商学习和分析合同，进行合同交底工作。项目经理部着手进行施工准备工作。现场的施工准备一经开始，合同管理的工作重点就转移到施工现场，直到工程全部结束。

在工程施工阶段，合同管理的基本目标是，全面地完成合同责任，按合同规定的工期、质量、价格（成本）要求完成工程。

在施工阶段，需要进行管理的合同包括工程承包合同、施工分包合同、物资采购合同、租赁合同、保险合同、技术合同和货物运输合同等。因此，合同管理的内容比较广泛，但重点应放在承包商与业主签订的工程承包合同，它是合同管理的核心。

2. 合同管理的主要工作

合同管理人员在这一阶段的主要工作如下：

第一，建立合同实施的保证体系，以保证合同实施过程中的一切日常事务性工作有秩序地进行，使工程项目的全部合同事件处于控制中，保证合同目标的实现。

第二，监督工程小组和分包商按合同施工，并做好各分包合同的协调和管理工作。以积极合作的态度完成自己的合同责任，努力做好自我监督。

同时也应督促和协助业主和工程师完成他们的合同责任，以保证工程顺利进行。许多工程实践证明，合同所规定的权力，只有靠自己努力争取才能保证其行使，防止被侵犯。如果承包商自己放弃这个努力，虽然合同有规定，但也不能避免损失。例如，承包商合同权益受到侵犯，按合同规定业主应该赔偿，但如果承包商不提出要求（如不会索赔，不敢索赔，超过索赔有效期，没有书面证据等），则承包商权力得不到保护，索赔无效。

第三，对合同实施情况进行跟踪；收集合同实施的信息，收集各种工程资料，并做出相应的信息处理；将合同实施情况与合同分析资料进行对比分析，找出其中的偏离，对合同履行情况做出诊断；向项目经理提出合同实施方面的意见、建议，甚至警告。

第四，进行合同变更管理。这里主要包括参与变更谈判，对合同变更进行事务性处理，落实变更措施，修改变更相关的资料，检查变更措施的落实情况。

第五，日常的索赔和反索赔。这里包括两个方面：（1）与业主之间的索赔和反索赔；（2）与分包商及其他方面之间的索赔和反索赔。

二、工程承包企业合同管理

（一）工程承包企业合同管理的层次与内容

施工项目管理的含义：企业运用系统的观点、理论和科学技术对施工项目进行的计划、协调、组织、监督、控制、协调等全过程管理。企业在进行施工项目管理时，应实行项目经理责任制。项目经理责任制确立了企业的层次及其相互关系。企业分为企业管理层、项目管理层和劳务作业层。企业管理层首先应制定和健全施工项目管理制度，规范项目管理；其次应加强计划管理，保证资源的合理分布和有序流动，并为项目生产要素的优化配置和动态管理服务；再次，应对项目管理层的工作进行全过程的指导、监督和检查。项目管理层对资源优化配置和动态管理，执行和服从企业管理层对项目管理工作的监督、检查和宏观调控。企业管理层与劳务作业层应签订劳务分包合同。项目管理层与劳务作业层应建立共同履行劳务分包合同的关系。

因此，承包企业的合同管理和实施模式，一般分为公司和项目经理部两级管理方法，重点突出具体施工工程的项目经理部的管理作用。

1. 企业层次的合同管理

承包公司为获取盈利，促使企业不断发展，其合同管理的重点工作是了解各地工程信息，组织参加各工程项目的投标工作。对于中标的工程项目，做好合同谈判工作，合同签订后，在合同的实施阶段，承包商的中心任务就是按照合同的要求，认真负责地、保质保量地按规定的工期完成工程并负责维修。

因此，在合同签订后承包商的首要任务是选定工程的项目经理，负责组织工程项目的经理部及所需人员的调配、管理工作，协调各正在实施工程的各项目之间的人力、物力、财力的安排和使用，重点工程材料和机械设备的采购供应工作。进行合同的履行分析，向项目经理与项目管理小组和其他成员、承包商的各工程小组、所属的分包商进行合同交底，给予在合同关系上的帮助和进行工作上的指导，如经常性的解释合同，对来往信件、会谈纪要等进行合同法律审查；对合同实施进行有力的合同控制，保证承包商正确履行合同，保证整个工程按合同、按计划、有步骤、有秩序地施工，防止工程中的失控现象，以获得盈利，实现企业的经营目标等。另外，还有工程中的重大问题与业主的协商解决等。

2. 项目层次的合同管理

项目经理部是工程承包公司派往工地现场实施工程的一个专门组织和权力机构，负责施工现场的全面工作。由他们全面负责工程施工过程中的合同管理工作，以成本控制为中心，防止合同争执和避免合同争执造成的损失，对因干扰事件造成的损失进行索赔，同时应使承包商免于干扰事件和合同争执的责任，而处于不能被索赔的地位；向各级管理人员和向业主提供工程合同实施的情况报告，提供用于决策的资料、建议和意见。承包公司应合理地建立施工现场的组织机构并授予相应的职权，明确各部门的任务，使项目经理部的全体成员齐心协力地实现项目的总目标并为公司获得可观的工程利润。

（二）工程承包合同管理的一般特点

1. 承包合同管理期限长

由于工程承包活动是一个渐进的过程，工程施工工期长，这使得承包合同生命期长。它不仅包括施工期，而且包括招标投标和合同谈判以及保修期，所以一般至少两年，长的可达五年或更长的时间。合同管理必须在从领取标书直到合同完成并失效这么长的时间内连续地、不间断地进行。

2. 合同管理的效益性

由于工程价值量大，合同价格高，使合同管理的经济效益显著。合同管理对工程经济效益影响很大。合同管理得好，可使承包商避免亏本，赢得利润；否则，承包商要蒙受较大的经济损失。这已为许多工程实践所证明。

3. 合同管理的动态性

由于工程过程中内外的干扰事件多，合同变更频繁，常常一个稍大的工程，合同实施中的变更能有几百项。合同实施必须按变化了的情况不断地调整，因此在合同实施过程中，合同控制和合同变更管理显得极为重要，这要求合同管理必须是动态的。

4. 合同管理的复杂性

合同管理工作极为复杂、烦琐，是高度准确和精细的管理。其原因是：

第一，现代工程体积庞大，结构复杂，技术标准、质量标准高，要求相应的合同实施的技术水平和管理水平高。

第二，现代工程合同条件越来越复杂，这不仅表现在合同条款多，所属的合同文件多，而且与主合同相关的其他合同多。例如，在工程承包合同范围内可能有许多分包、供应、劳务、租赁、保险等合同。它们之间存在极为复杂的关系，形成一个严密的合同网络。

第三，工程的参加单位和协作单位多，即使一个简单的工程就涉及业主、总包商、分包商、材料供应商、设备供应商、设计单位、监理单位、运输单位、保险公司、银行等十几家甚至几十家单位。各方面责任界限的划分，在时间上和空间上的衔接和协调极为重要，同时又极为复杂和困难。

第四，合同实施过程复杂，从购买标书到合同结束必须经历许多过程。签约前要完成许多手续和工作；签约后进行工程实施，有许多次落实任务，检查工作，会办，验收。要完整地履行一个承包合同，必须完成几百个甚至几千个相关的合同事件，从局部完成到全部完成。在整个过程中，稍有疏忽就会导致前功尽弃，造成经济损失，所以必须保证合同在工程的全过程和每一个环节上都顺利实施。

第五，在工程施工过程中，合同相关文件，各种工程资料汗牛充栋。在合同管理中必须取得、处理、使用、保存这些文件和资料。

5. 合同管理的风险性

第一，由于工程实施时间长，涉及面广，受外界环境的影响大，如经济条件、社会条件、法律和自然条件的变化等。这些因素承包商难以预测，不能控制，但都会妨碍合同的正常实施，造成经济损失。

第二，合同本身常常隐藏着许多难以预测的风险。由于建筑市场竞争激烈，不仅导致报价降低，而且业主常常提出一些苛刻的合同条款，如单方面约束性条款和责权利不平衡条款，甚至有的发包商包藏祸心，在合同中用不正常手段坑人。承包商对此必须有高度的重视，并有对策，否则必然会导致工程失败。

6. 合同管理的特殊性

合同管理作为工程项目管理的一项管理职能，有它自己的职责和任务，但又有其特殊性：

第一，由于合同管理对项目的进度控制、质量管理、成本管理有总控制和总协调作用，所以它又是综合性的、全面的、高层次的管理工作。

第二，合同管理要处理与业主，与其他方面的经济关系，所以它又必须服从企业经营管理，服从企业战略，特别在投标报价、合同谈判、合同执行战略的制定和处理索赔问题时，更要注意这个问题。

（三）合同管理组织机构的设置

合同管理的任务必须由一定的组织机构和人员来完成。要提高合同管理水平，必须使合同管理工作专门化和专业化，在承包企业和工程项目组织中设立专门的机构和人员负责合同管理工作。

对不同的企业组织和工程项目组织形式，合同管理组织的形式不一样，通常有如下几种情况。

1. 工程承包企业设置合同管理部门

中合同管理部门专门负责企业所有工程合同的总体管理工作。主要包括：
（1）收集市场和工程信息。（2）参与投标报价，对招标、合同草案进行审查和分析。（3）对工程合同进行总体策划。（4）参与合同谈判与合同的签订。（5）向工程项目派遣合同管理人员。（6）对工程项目的合同履行情况进行汇总、分析，对工程项目的进度、成本和质量进行总体计划和控制。（7）协调各个项目的合同实施。（8）处理与业主，与其他方面重大的合同关系。（9）具体地组织重大索赔工作。（10）对合同实施进行总的指导，分析和诊断。

2. 设立专门的项目合同管理小组

对于大型的工程项目，设立项目的合同管理小组，专门负责与该项目有关的合同管理工作。

3. 设合同管理员

对于一般的项目，较小的工程，可设合同管理员。他在项目经理领导下进行施工现场的合同管理工作。

而对于处于分包地位，且承担的工作量不大，工程不复杂的承包商，工地上可不设专门的合同管理人员，而将合同管理的任务分解下达给其他职能人员，由项目经理做总的协调工作。

4. 聘请合同管理专家

对一些特大型的、合同关系复杂、风险大、争执多的项目，如在国际工程中，有些承包商聘请合同管理专家或将整个工程的合同管理工作委托给咨询公司或管理公司。这样会大大提高工程合同管理水平和工程经济效益，但花费也比较高。

（四）建筑企业工程承包合同管理的主要工作

1. 合同签订前的准备阶段的合同管理

（1）概述

1）承包商合同管理的基本目标

合同签订前的准备阶段，承包商的主要任务就是参加投标竞争并争取中标。招标投标是工程承包合同的形成过程。在承包工程中，合同是影响利润最主要的因素，因此每个承包商都十分重视招标投标阶段的每一个环节。

在招标投标过程中，承包商的主要目标有：

①提出有竞争力的有利报价

投标报价是承包商对业主要约邀请（招标文件）做出的一种要约行为。它在投标截止期后即具有法律效力。报价是能否取得承包工程资格，取得合同的关键。报价必须符合两个基本要求：

a. 报价有利

承包商都期望通过工程承包获得利润，所以报价应包含承包商为完成合同规定的义务的全部费用支出和期望获得的利润。

b. 报价有竞争力

由于通过资格预审，参加投标竞争的许多承包商都在争夺承包工程资格。他们之间主要通过报价进行竞争。承包商不仅要争取在开标时被业主选中，有资格和业主进行议价谈判，而且必须在议价谈判中击败竞争对手，中标。所以，承包商的报价又应是低而合理的。一般地说，报价越高，竞争力越小。

②签订合理有利的合同

签订一份完备的、周密的、含义清晰的同时又是责权利关系平衡的有利合同，以减少合同执行中的漏洞、争执和不确定性。

对承包商来说，有利的合同，可以从如下几个方面定性地评价：合同条款比较优惠或有利；合同价格较高或适中；合同风险较小；合同双方责权利关系比较平衡；没有苛刻的、单方面的约束性条款等。

2）承包商的主要工作

在这一阶段承包商的主要工作如下。

①投标决策

承包商通过承包市场调查，大量收集招标工程信息。在许多可选择的招标工程中，综合考虑工程特点、自己的实力、业主状况、承包市场状况和竞争者状况等，选择自己的投标方向。这是承包商的一次重要决策。

承包商在决定参加投标后，首先通过业主的资格预审，获得招标文件。这是合同双方的第一次互相选择：承包商有兴趣参加该工程的投标竞争，并证明自己能够很好地完成该工程的施工任务；业主觉得承包商符合招标工程的基本要求，是一个可靠的、有履约能力的公司。只有通过资格预审，承包商才能有资格购买招标文件，参与投标竞争。

按照诚实信用原则，业主应提出完备的招标文件，尽可能详细地、如实地、具体地说明拟建工程情况，合同条件，出具准确及全面的规范、图纸、工程地质和水文资料，为承包商的合同分析和工程报价提供方便。所以，承包商一经取得招标文件，合同管理工作即宣告开始。

②承包商编标和投标

为了达到既能中标取得工程，又能在实施后获得利润的目的，承包商必须做好如下几方面工作：

a.全面分析和正确理解招标文件

招标文件是业主向承包商的要约邀请，几乎包括了全部合同文件。它确定的招标条件和方式、合同条件、工程范围和工程的各种技术文件是承包商报价的依据，也是双方商谈的基础。承包商必须按照招标文件的各项要求进行报价、投标和施工。所以，承包商必须全面分析和正确理解招标文件，弄清楚业主的意图和要求，能够较正确地估算完成合同所需的费用。

承包商一经提出报价，做出承诺（投标，业主授予合同），则它即具有法律约束力。一般合同都规定，承包商对招标文件的理解自行负责，即由于对招标文件理解错误造成的报价失误由承包商承担，业主不负责任。因此，招标文件的分析应准确、清楚，达到一定的深度。

承包商在招标文件分析中发现的问题，包括矛盾、错误、二义性，自己不理解的地方，应在标前会议上公开向业主（工程师）提出，或以书面的形式提出。按照招标规则和诚实信用原则，业主（工程师）应做出公开的明确的书面答复。这些答复作为这些问题的解释，有法律约束力。承包商切不可随意理解合同，导致盲目投标。

b. 全面的环境调查

承包合同是在一定的环境条件下实施的。工程环境对工程实施方案、合同工期和费用有直接的影响。工程环境又是工程风险的主要根源。承包商必须收集、整理、保存一切可能对实施方案、工期和费用有影响的工程环境资料。这不仅是工程预算和报价的需要，而且是做施工方案、施工组织、合同控制、索赔（反索赔）的需要。

环境调查工作第一要保证真实可靠，反映实际。第二是要具有全面性，应包括对实施方案的编制、编标报价、合同实施有重大影响的各种信息，不能有任何遗漏。国外许多大的承包公司制定标准格式，固定调查内容（栏目）的调查表，并由专人负责处理这方面的事务。这样不仅不会遗漏应该调查的内容，而且使整个调查工作规范化、条理化。第三是工程环境的调查不仅要了解过去和目前情况，还需预测其趋势和将来情况。第四是所调查的资料应系统化，建立文档保存。因为许多资料不仅是报价的依据，而且是施工过程中索赔的依据。

c. 确定实施方案

首先，实施方案是工程预算的依据，不同的实施方案则有不同的工程预算成本，则有不同的报价。其次，实施方案是业主选择承包商的重要决定因素。在投标书中承包商必须向业主说明拟采用的实施方案和工程总的进度安排。业主以此评价承包商投标的科学性、安全性、合理性和可靠性。

承包商的实施方案是按照自己的实际情况（如技术装备水平、管理水平、资源配置能力、资金等），在工程具体环境中完成合同所规定的义务（工程规模、业主总工期要求、技术标准）的措施和手段。

d. 工程预算

工程预算是核算承包商为全面地完成招标文件所规定的义务所必需的费用支出。它是承包商的保本点，是工程报价的基础。而报价一经被确认，即成合同价格，则承包商必须按这个价格完成合同所规定的工程施工，并修补其任何缺陷。所以，承包商必须按实际情况做工程预算。

③向业主澄清投标书中的有关问题

按照通常的招标投标规则，开标后，业主选3～5家投标有效且报价低而合理的投标商做详细评标。评标是业主（工程师）对投标文件进行全面分析，在分析中发现的问题、矛盾、错误、不清楚的地方，业主（工程师）一般要求承包商在澄清会议上做出答复、解释，也包括对不合理的实施方案、组织措施或工期做出修改。

澄清会议是承包商与业主的又一次重要的正式接触，入围的几家承包商进行更为激烈的竞争，任何人都不可以掉以轻心。虽然在招标文件中都规定定标前不允许调整合同价格，承包商提出的优惠条件也不作为评标依据，但许多的承包商常常提出优惠的条件吸引业主，提高自己报价的竞争力。

④合同谈判（中标后谈判）

经过多方接触、商讨，业主对投标文件做最终评定，确定中标人，并发出中标通知书，则双方应协商签订承包合同协议书。

在这过程中，承包商应利用机会进行认真的合同谈判。尽管按照招标文件要求，承包商在投标书中已明确表示对招标文件中的投标条件、合同条件的认可（完全响应和承诺），并受它的约束，但合同双方通常都希望进一步商谈。这对双方都有利，双方可以进一步讨价还价，业主希望得到更优惠的服务和价格，承包商希望得到一个合理的价格，或改善合同条件。议价谈判和修改合同条件是合同谈判的主要内容。因为，一方面，价格是合同的主要条款之一。另一方面，价格的调整常常伴随着合同条款的修改；反之，合同条款的修改也常常伴随价格的调整。

对招标文件分析中发现的合同问题和风险，如不利的、单方面约束性的、风险型的条款，可以在这个阶段争取修改。承包商可以通过向业主提出更为优惠的条件，以换取对合同条件的修改，如进一步降低报价；缩短工期；延长保修期；提出更好的、更先进的实施方案和技术措施；提出新的服务项目，扩大服务范围等。

但中标后谈判的最终主动权在业主。如果虽经谈判，但双方未能达成一致，则还按原投标书和中标通知书内容确定合同。

（2）承包商的合同总体策划

1）合同总体策划基本概念

在建筑工程项目的开始阶段，必须对工程相关的合同进行总体策划，首先确定带根本性和方向性的、对整个工程、对整个合同的实施有重大影响的问题。合同总体策划的目标是通过合同保证项目目标的实现。它必须反映建筑工程项目战略和企业战略，反映企业的经营指导方针。

正确的合同总体策划能够保证圆满地履行各个合同，促使各合同达到完善的协调，顺利地实现工程项目的整体目标。

2）合同总体策划的依据

合同双方有不同的立场和角度，但他们有相同或相似的策划研究内容。合同策划的依据主要有：

①业主方面

业主的资信、管理水平和能力，业主的目标和动机，期望对工程管理的介入深度，业主对承包商的信任程度，业主对工程的质量和工期要求等。

②承包商方面

承包商的能力、资信、企业规模,管理风格和水平、目标与动机、目前经营状况、过去同类工程经验、企业经营战略等。

③工程方面

工程的类型、规模、特点、技术复杂程度、工程技术设计准确程度、计划程度、招标时间和工期的限制、项目的盈利性、工程风险程度、工程资源(如资金等)供应及限制条件等。

④环境方面

建筑市场竞争激烈程度,物价的稳定性,地质、气候、自然,现场条件的确定性等。

(3)招标文件的分析

对一般常见的公开招标工程,由业主委托咨询工程师起草招标文件。它是承包商制订方案、工程估价、投标、合同谈判的基础。承包商取得(购得)招标文件后,通常首先进行总体检查,包括文件的完备性,工程招标的法律条件,然后分三部分进行全面分析:第一,招标条件分析。分析的对象是投标人须知,通过分析不仅掌握招标过程和各项要求,对投标报价工作做出具体安排,而且了解投标风险。第二,工程技术文件分析。即进行图纸会审,工程量复核,图纸和规范中的问题分析。在此基础上进行材料、设备的分析,做实施方案,进行询价。第三,合同文本分析。分析的对象是合同协议书和合同条件。这是合同管理的主要任务。

1)合同文本的基本要求

合同文本通常指合同协议书和合同条件等文件,是合同的核心。它确定了当事人双方在工程中的义务和权益。合同一经签订,它即成为合同双方在工程过程中的最高法律。它的每项条款都与双方的利益相关,影响到双方的成本、费用和收入。所以,人们常说,合同字字千金。

2)进行合同文本分析的原因

在工程实施过程中,常有如下情况发生:

第一,合同签订后才发现,合同中缺少某些重要的、必不可少的条款,但双方已签字,难以或不可能再做修改或补充。

第二,在合同实施中发现,合同规定含糊,难以分清双方的责任和权益;不同的合同条款,不同的合同文件之间规定和要求不一致。

第三,合同条款本身缺陷和漏洞太多,对许多可能发生的情况未做估计和具体规定。有些合同条款都是一些原则性的、抽象的规定,可执行性太差,可操作性不强。合同中出现错误、矛盾和二义性。

第四,合同双方对同一合同条款的理解大相径庭。双方在签约前未就合同条款的理解进行沟通。在合同实施过程中，出现激烈的争执。

第五，合同一方在合同实施中才发现，合同的某些条款对自己极为不利，隐藏着极大的风险，或过于苛刻，甚至中了对方圈套。

第六，有些承包合同合法性不足，例如，合同的签订不符合法定程序；合同中的一些条款，合同实施过程中的有些经济活动与法律相抵触，结果导致整个合同，或合同的部分条款无效。

这在实际工程中都屡见不鲜，即使在一些大的国际工程中也时常发生这些情况。这将导致激烈的合同争执，工程不能顺利实施，合同一方或双方蒙受损失。因此，在取得招标文件之后，必须进行仔细分析，以便能及早解决或采取预防措施。

3）合同文本分析的内容

合同文本分析是一项综合性的、复杂的、技术性很强的工作。它要求合同管理者必须熟悉合同相关的法律、法规；精通合同条款；对工程环境有全面的了解；有承包合同管理的实际工作经验和经历。

2. 工程承包合同履行过程中的合同管理

合同签订后，作为企业层次的合同管理工作主要是进行合同履行分析、协助企业建立合适的项目经理部及履行过程中的合同控制。

（1）承包合同履行分析的必要性

承包商在合同实施过程中的基本任务是使自己圆满地完成合同责任。整个合同责任的完成是靠在一段时间内完成一项项工程和一个个工程活动实现的，所以合同目标和责任必须贯彻落实在合同实施的具体问题上和各工程小组以及各分包商的具体工程活动中。承包商的各职能人员和各工程小组都必须熟练地掌握合同，用合同指导工程实施和工作，以合同作为行为准则。

（2）合同分析的基本要求

1）准确性和客观性

合同分析的结果应准确、全面地反映合同内容。如果分析中出现误差，它必然反映在执行中，导致合同实施出现更大的失误。所以，不能透彻、准确地分析合同，就不能有效、全面地执行合同。许多工程失误和争执都起源于不能准确地理解合同。

客观性，即合同分析不能自以为是和"想当然"。对合同的风险分析，合同双方责任和权益的划分，都必须实事求是地按照合同条文，按合同精神进行，而不能以当事人的主观意愿解释合同，否则必然导致实施过程中的合同争执，导致承包商的损失。

2）简易性

合同分析的结果必须采用使不同层次的管理人员、工作人员能够接受的表达方式，如图表形式。对不同层次的管理人员提供不同要求、不同内容的合同分析资料。

3）合同双方的一致性

合同双方，承包商的所有工程小组、分包商等对合同理解应有一致性。合同分析实质上是承包商单方面对合同的详细解释。分析中要落实各方面的责任界面，这极容易引起争执。所以合同分析结果应能为对方认可。如有不一致，应在合同实施前，最好在合同签订前解决，以避免合同执行中的争执和损失，这对双方都有利。合同争执的最终解决不是以单方面对合同理解为依据的。

4）全面性

合同分析应是全面的，对全部的合同文件作解释。对合同中的每一条款、每句话，甚至每个词都应认真推敲，细心琢磨，全面落实。合同分析不能只观其大略，不能错过一些细节问题，这是一项非常细致的工作。在实际工作中，常常一个词，甚至一个标点都能关系到争执的性质、一项索赔的成败、工程的盈亏。全面地、整体地理解，而不能断章取义，特别当不同文件、不同合同条款之间规定不一致，有矛盾时，更要注意这一点。

第五章 工程资料整编

第一节 工程施工资料

一、概述

（一）资料整编要求

（1）工程资料应真实反映工程的实际情况，具有永久和期保存价值的材料必须完整、准确和系统。（2）工程资料应使用原件，因各种原因不能使用原件的，应在复印件上加盖原件存放单位公章、注明原件存放处，并有经办人签字及日期。（3）工程资料应保证字迹清晰，签字、盖章手续齐全，签字必须使用档案规定用笔。计算机形成的工程资料应采用内容打印、手工签字的方式。（4）施工图的变更、洽商绘图应符合技术要求。凡采用施工蓝图改绘竣工图的，必须使用反差明显的蓝图，竣工图图面应整洁。（5）工程档案的填写和编制应符合档案缩微管理和计算机输入的要求。（6）工程档案的缩微制品，必须按国家缩微标准进行制作，主要技术指标（解像力、密度、海波残留景等）应符合国家标准规定，保证质量，以适应长期安全保管的需要。（7）工程资料的照片（含底片）及声像档案，应图像清晰，声音清楚，文字说明或内容准确。

（二）工程资料分类

水利工程资料是指在工程建设过程中形成并收集汇编的各种形式的信息记录，一般可分为基建文件资料、监理资料、施工资料及竣工验收资料等。

（1）基建文件资料是建设单位在工程建设过程中形成并收集汇编的关于立项、征用地、拆迁、地质勘察、测绘、设计、招投标、工程验收等文件或资料的统称。（2）监理资料是监理单位在工程建设监理过程中形成的资料的统称，包括监理规划、监理实施细则、监理月报、监理日志、监理工作记录、监理工作总结及其他资料。（3）施工资料是施工单位在施工过程中形成的资料的统称，包括施工管理资料、施工技术文件、施工物资资料、施工测量监测记录、施工记录、施工试验记录及检测报告、施工验收记录、施工质量评定资料等。

（4）竣工验收资料是在工程竣工验收过程中形成的资料的统称，包括竣工验收申请及其批复、竣工验收会议文件材料、竣工图、竣工验收鉴定书等。

二、施工资料

（一）施工资料管理

（1）施工资料应实行报验、报审管理。施工过程中形成的资料应按报验、报审程序，通过相关施工单位审核后，方可报建设（监理）单位。（2）施工资料的报验、报审应有时限性要求。工程相关各单位宜在合同中约定报验、报审资料的申报时间及审批时间，并约定应承担的责任。当无约定时，施工资料的申报、审批不得影响正常施工。

（二）水利工程施工记录

水利施工过程是整个工程至关重要的一部分，为了保证工程的质量和施工的安全，对施工过程资料的整理和搜集工作是必要的，一般施工过程资料包括以下内容：

（1）设计变更、洽商记录。（2）工程测量、放线记录。（3）预检、自检、互检、交接检记录。（4）建（构）筑物沉降观测测量记录。（5）新材料、新技术、新工艺施工记录。（6）隐蔽工程验收记录。（7）施工日志。（8）混凝土开盘报告。（9）混凝土施工记录。(10)混凝土配合比计量抽查记录。(11)工程质量事故报告单。(12)工程质量事故及事故原因调查、处理记录。(13)工程质量整改通知书。(14)工程局部暂停施工通知书。(15)工程质量整改情况报告及复工申请。(16)工程复工通知书。

三、监理资料

（一）监理资料内容

监理资料的内容包括：

(1)建设监理委托合同、中标通知书。(2)监理公司营业执照、资质等级。(3)项目监理机构人员安排。(4)施工企业中标通知书。(5)监理大纲、监理规划(应包含安全监理的内容,并根据工程项目变化情况调整监理规划的有关内容)。(6)施工招标答疑文件。(7)施工承包合同。(8)岩土工程勘察报告。(9)设计文件。(10)建筑工程质量监督注册登记表、通知书、工作方案。(11)建筑工程安全监督注册登记表、通知书。(12)施工许可证、安全施工许可证。(13)开工报审表。(14)施工现场第一次会议记录。(15)施工测量放线报审表。(16)设计交底、图纸会审、设计变更。(17)施工例会记录及其他会议记录。(18)监理实施细则(根据实际情况进行补充、修改和完善)。(19)工程材料/构配件/设备报审表。(20)配合比通知单(砂浆、混凝土、商品混凝土)。(21)分包单位资格报审表。(22)隐蔽工程报审表。(23)平行检验记录、旁站、巡视记录。(24)分部工程报验申请表。(25)单项、分部工程质量评估报告。(26)各单项工程验收报告(消防、人防、节能、桩基、幕墙、水、电等)。(27)监理联系单。(28)监理通知单、回复单。(29)工程款支付证书、申请表。(30)工程最终延期审批表、临时延期审批表、临时延期申请表。(31)费用索赔审批表、申请表。(32)工程暂停令、复工令(基础、主体验收报告,竣工验收监督通知书)。(33)质量、安全事故报告及处理意见。(34)建筑工程质量监督整改通知、复工记录、停工、复工通知。(35)试件(块)试验报告,水、电等检验、试验记录、报告。(36)监理日记(施工情况、监理情况、施工安全大事记等均应详细记录)、月报、台账、安全监理日记(详细记录)。(37)单位工程竣工报审。(38)单位工程质量评估报告。(39)单位工程竣工验收报告。(40)单位工程竣工验收备案表。(41)监理工作总结。(42)其他来往文函(含施工现场安全设施的合格证、准用证、检测报告、设计代表委托书等)。(43)施工监理月报。

监理月报应由总监理工程师组织编制,签认后报建设单位和本监理单位。

(二)监理工作总结

监理工作的最后环节是进行监理工作总结。总监理工程师应带领全体项目监理人员对监理工作进行全面的、认真的总结。监理工作总结应包括两部分:一是向业主提交的监理工作总结;二是向监理单位提交的监理工作总结。

1. 向业主提交的监理工作总结

项目监理机构向业主提交的监理工作总结,一般应包括以下内容:

(1)工程基本概况。(2)监理组织机构及进场、退场时间。(3)监理委托合同履行情况概述。(4)监理目标或监理任务完成情况的评价。(5)工程质量的评价。(6)对工程建设中存在问题的处理意见或建议。(7)质量保修期的监理工作。(8)由业主提供的供监理活动使用的办公用房、车辆、试验设施等清单。（9）表明监理工作总结的说明等。（10）监理资料清单及工程照片等资料。

2. 向监理单位提交的监理工作总结

项目监理机构向监理单位提交的工作总结应包括的内容：监理组织机构情况；监理规划及其执行情况；监理机构各项规章制度执行情况；监理工作经验和教训；监理工作建议；质量保修期监理工作；监理资料清单及工程照片等资料。

四、维修养护资料

（一）水管单位维修养护资料

1. 工程全面普查资料

水管单位运行观测部门在年度维修养护实施方案编制之前完成，主要是普查所辖工程目前存在的缺陷，需维修养护的项目及工程量，以供编制年度维修养护实施方案使用。

2. 年度维修养护实施方案

根据工程普查资料及管理重点进行编制，并按规定程序上报。内容包括上一年度计划执行情况、本年度计划编制的依据、原则、工程基本情况、本年度工程管理要点、维修养护项目的名称、内容及工程量、主要工作及进度安排、经费预算文件、维修养护质量要求、达到的目标、监理、质量监督检查、专项设计、主要措施实施情况。

3. 年度维修养护合同

（1）堤防工程维修养护合同。（2）控导工程维修养护合同。（3）水闸工程维修养护合同。

4. 月度工程普查

（1）管理班组月度工程普查记录清单：由水管单位运行观测部门完成，主要是普查所辖工程目前急需维修养护的项目、位置、内容、尺寸及工程量，供下达月维修养护任务通知书使用。（2）管理班组月度工程普查统计汇总清单。（3）水管单位月度工程普查统计汇总清单。

5. 月度维修养护任务通知书

（1）月度维修养护任务统计表：根据当月工程普查统计汇总情况，合理确定安排下月的维修养护内容及项目。（2）月度维修养护项目工程（工作）量汇总表：按照月度维修养护任务统计表统计汇总的维修养护工程量。（3）维修养护月度安排说明：简要说明当月维修养护项目安排情况（安排的项目、工程量和月度普查清单不一致时，详细说明情况）、维修养护内容、方法、质量要求以及完成时间等。

6. 月度会议纪要

由水管单位主持，维修养护、监理单位参加，会议主要通报维修养护工作进展、维修养护质量情况，讨论确定下月维修养护工作重点，协调解决维修养护工作存在的问题。

7. 月度验收签证

由水管单位组织月度验收，签证内容包括本月完成的维修养护项目工程量、质量、验收签证作为工程价款月支付的依据。

（二）养护单位维修养护资料

（1）维修养护施工组织方案。施工组织方案根据养护合同，结合维修养护工作特点及维修养护单位施工能力编制。（2）维修养护自检记录表。（3）工程维修养护日志。（4）维修养护月报表。（5）月度验收申请表。（6）工程价款月支付申请书及月支付表。（7）工程维修养护年度工作报告。（8）工程维修养护年度验收请验报告。

（三）竣工验收报告

1. 工程建设管理工作报告

（1）工程概况。工程位置、工程布置、主要技术经济指标、主要建设内容、设计文件的批复过程等。（2）主要项目施工过程及重大问题处理。（3）项目管理。参建各单位机构设置及工作情况、主要项目招投标过程、工程概算与执行情况、合同管理、材料及设备供应、价款结算、征地补偿及移民安置等。（4）工程质量。工程质量管理体系、主要工程质量控制标准、单元工程和分部工程质量数据统计、质量事故处理结果等。（5）工程初期运用及效益。（6）历次验收情况、工程移交及遗留问题处理。（7）竣工决算。竣工决算结论、批准设计与实际完成的主要工程量对比、竣工审计结论等。（8）附件。项目法人的机构设置及主要工作人员情况表、设计批准文件及调整批准文件、历次验收鉴定书、施工主要图纸、工程建设大事记等。

2. 工程设计工作报告

（1）工程概况。（2）工程规划设计要点。（3）重大设计变更。（4）设计文件质量管理。（5）设计为工程建设服务。（6）附件：设计机构设置和主要工作人员情况表、重大设计变更与原设计对比等。

3. 工程施工管理工作报告

（1）工程概况。（2）工程投标及标书编制原则。（3）施工总布置、总进度和完成的主要工程量等。（4）主要施工方法及主要项目施工情况。（5）施工质量管理。施工质量保证体系及实施情况、质量事故及处理、工程施工质量自检情况等。（6）文明施工与安全生产。（7）财务管理与价款结算。（8）附件：施工管理机构设置及主要工作人员对照表、投标时计划投入资源与施工实际投入资源对照表、工程施工管理大事记。

4. 工程建设监理工作报告

（1）工程概况、工程特性、工程项目组成、合同目标等。（2）监理规划。包括组织机构及人员、监理制度、检测办法等。（3）监理过程。包括监理合同履行情况。（4）监理效果。质量、投资及进度控制工作成效及综合评价。施工安全与环境保护监理工作成效及综合评价。（5）经验、建议，其他需要说明的事项。（6）附件：监理机构设置与主要工作人员情况表、工程建设大事记。

5. 水利工程质量评定报告

（1）工程概况。工程名称及规模、开工及完工日期、参加工程建设的单位。（2）工程设计及批复情况。工程主要设计指标及效益、主管部门的批复文件。（3）质量监督情况。人员配备、办法及手段。（4）质量数据分析。工程质量评定项目划分、分部及单位工程的优良品率、中间产品质量分析计算结果。（5）质量事故及处理情况。（6）遗留问题的说明。（7）报告附件目录。（8）工程质量评定意见。

6. 初步验收工作报告

（1）前言。（2）初步验收工作情况。（3）初步验收发现的主要问题及处理意见。（4）对竣工验收的建议。（5）初步验收工作组成员签字表。（6）附件：专业组工作报告、重大技术问题专题或咨询报告、竣工验收鉴定书（初稿）。

7. 工程竣工验收申请报告

（1）工程完成情况。（2）验收条件检查结果。（3）验收组织准备情况。（4）建议验收时间、地点和参加单位。

五、竣工验收资料

(一) 竣工验收资料清单

（1）工程建设管理工作报告。（2）工程建设大事记。（3）拟验工程清单、未完工程清单、未完工程的建设安排及完成时间。（4）技术预验收工作报告。（5）验收鉴定书（初稿）。（6）度汛方案。（7）工程调度运用方案。（8）工程建设监理工作报告。（9）工程设计工作报告。（10）工程施工管理工作报告。（11）运行管理工作报告。（12）工程质量和安全监督报告。（13）前期工作文件及批复文件。（14）主管部门批文。（15）招标投标文件。（16）合同文件。（17）工程项目划分资料。（18）单元工程质量评定资料。（19）分部工程质量评定资料。（20）单位工程质量评定资料。（21）工程外观质量评定资料。（22）工程质量管理有关文件。（23）工程安全管理有关文件。（24）工程施工质量检验文件。（25）工程监理资料。（26）施工图设计文件。（27）工程设计变更资料。（28）竣工图纸。（29）征地移民有关文件。（30）重要会议记录。（31）质量缺陷备案表。（32）安全、质量事故资料。（33）阶段验收鉴定书。（34）竣工决算及审计资料。（35）工程建设中使用的技术标准。（36）工程建设标准强制性条文。（37）专项验收有关文件。（38）安全、技术鉴定报告。

(二) 竣工验收

第一，竣工验收委员会可设主任委员1名，副主任委员以及委员若干名，主任委员应由验收主持单位代表担任。竣工验收委员会由竣工验收主持单位、有关地方人民政府和部门、有关水行政主管部门和流域管理机构、质量和安全监督机构、运行管理单位的代表以及有关专家组成。工程投资方代表可参加竣工验收委员会。

第二，项目法人、勘测、设计、监理、施工和主要设备制造（供应）商等单位应派代表参加竣工验收，负责解答验收委员会提出的问题，并作为被验收单位代表在验收鉴定书上签字。

第三，竣工验收会议应包括以下主要内容和程序：（1）现场检查工程建设情况及查阅有关资料.（2）召开大会。

第四，工程项目质量达到合格以上等级的，竣工验收的质量结论意见为合格。

第五，数量按验收委员会组成单位、工程主要参建单位各一份以及归档所需要份数确定。自鉴定书通过之日起20个工作日内，由竣工验收主持单位发送有关单位。

第二节 工程档案验收

一、验收准备

（一）申请条件

水电建设项目主体工程—辅助设施已按照设计建成，能满足生产或使用的需要；项目试运行各项指标考核合格或者达到设计能力；完成了项目建设全过程文件材料的收集、整理与归档工作；基本完成了档案的分类、组卷、编号等整理工作。以上条件全都具备，建设单位可以提出验收申请。项目档案验收前，项目的建设单位（法人）应组织项目设计、监理、施工等方面负责人以及有关人员，根据档案工作的相关要求，依据《重大建设项目档案验收办法》验收内容及要求进行全面自检。

验收申报：申报程序——文件起草（报告请示）——报告编写

（二）备查文件资料

1. 建设项目合法性文件

（1）项目核准、开工批复（发展改革委）；（2）规划许可证"建设项目选址意见书"（规划部门）；（3）土地使用证（土地局）；（4）水资源审批文件（不含输变电，水利部门）；（5）概算批复文件（项目立项审批部门）；（6）招投标程序符合"招投标法"规定（上级主管单位）；（7）施工许可证。（8）质量监督注册证书及规定阶段的监督报告（质量监督中心站）；（9）移交生产签证书（启动委员会）；（10）消防专项验收证书（不含输电）；（11）建设项目职业卫生专项验收（卫生部门）；（12）安全专项验收证书（安全生产监察局）；（13）劳动卫生专项验收证书（劳动保障部门）；（14）环保专项验收证书（环境保护部门）；（15）水土保持专项验收证书（水利部门）；（16）档案专项验收证书；（17）水电枢纽工程专项验收鉴定书；（18）无拖欠工程款、农民工工资证明（上级主管单位）；（19）竣工决算（上级主管单位）；（20）竣工决算审计报告（有资质的第三方会计师事务所）；（21）竣工验收签证书。

由立项审批部门或受其委托单位组织安全、消防、土地、水利、环保、档案等专项验收单位参加。

2. 各专业技术文件

（1）各专业强制性条文实施计划和实施记录；（2）各专业施工管理文件；（3）质量验评资料：包括检验批、分项、分部、单位工程质量验评汇总、统计数据准确，且与"验评范围划分表"一致；（4）主要原材料出厂合格证、试验报告、进场检验报告、质量跟踪记录；（5）主要质量控制资料、施工纪录、隐蔽工程验收记录、过程检测记录（报告）；（6）分部工程安全和功能检测记录；（7）移交时沉降观测报告、移交后继续观测记录（报告），单位工程主要功能抽查记录；（8）主机设备开箱文件。

3. 竣工图审核情况

（1）各专业设计文件，设计修改通知单及工程更改洽商内容；（2）各专业竣工图。

4. 项目档案管理机制

（1）项目档案管理机制及领导小组成立文件；（2）档案人员素质方面，专职档案人员学历、职称及上岗培训证；（3）项目档案管理规章制度及工作标准；（4）实行统一领导、分级管理原则，进行有效监督、指导、检查的记录及定期开展档案管理活动记录；（5）同步管理方面，档案人员参加工程阶段性质量检查及设备开箱记录等；（6）落实领导及有关人员责任制方面，应提供领导和各部门工作责任制及考核记录；（7）档案工作纳入合同管理方面，应提供档案管理责任写入主机设备及主要承包单位合同的有关条款。

5. 项目档案的安全保管情况。

（1）档案库房设施设备配备要求基本齐全；（2）档案库房安全保管的预防（应急）措施，库房温、湿度记录。

6. 档案信息化管理。

档案信息化管理方面，主要实地查验构案管理系统，档案信息的利用以及档案信息安全情况。

二、验收程序

第一，项目档案专项验收前，监理单位、施工单位档案管理人员应对本单位形成的档案按照有关规定进行自行验收，并将检查结果报送建设单位。

第二，建设单位汇总各监理单位、施工单位报送的工程竣工档案材料后，档案人员应对各单位报送的和本单位形成的工程竣工档案按照有关规定进行审核和自行验收。向地方档案局申报建设项目档案专项验收。

第三项目档案专项验收：项目档案专项验收会，采取二会一查形式，即首次会议、末次会议和现场抽查的方式。

首次会议应由建设单位汇报项目建设概况和项目档案管理情况，监理单位汇报项目文件质量控制和项目档案质量审查情况。

末次会议检查组应对申报验收单位的项目档案管理及项目档案归档齐全、完整、准确和系统整理情况做出结论，并宣布验收意见。

现场检查，应根据各阶段档案形成数录按比例抽查调卷，抽查案卷数不得少于总卷册的10%。

项目档案专项验收会应有设计、施工、监理、调试和生产运行单位的分管领导及技术负责人、档案人员参加，其他相关部门的有关人员列席。

项目档案专项验收程序一般包括自检和复检两个阶段。申报单位在自检并完成整改的基础上，向项目档案验收组织单位提出验收申请，并按规定的组织单位组织现场验收，形成验收意见。项目档案专项验收是建设项目质量评价及项目创优的必备条件之一。

第三节　工程档案移交与管理

在建设过程中，从立项直至竣工并投入使用的全过程中形成了大量的工程文件，包括文字、图表、声像、模型、实物等各种形式的记录，按档案的整编原则进行整理、编目、立卷后便形成建设工程档案，作为本建设项目的历史记录。概括起来，建设工程档案是在工程建设活动中直接形成的、具有归档保存价值的文字、图表、声像等各种形式的历史记录，简称工程档案。工程档案具有如下作用：（1）为工程本身的管理、维修、改建、扩建、恢复等工作提供依据。（2）为城市规划、工程设计、城市建设管理、产权产籍、工程备案等提供可靠的凭证。（3）作为历史查考、总结经验、技术交流、科学研究的信息资源。

工程档案包括工程准备阶段文件、监理文件、施工文件、竣工验收文件及竣工图五大部分。

一、施工项目信息管理系统

(一) 建立信息代码系统

将各类信息按信息管理的要求分门别类，并赋予能反映其主要特征的代码，一般有顺序码、数字码、字符码和混合码等，用以表征信息的实体或属性；代码应符合唯一化、规范化、系统化、标准化的要求，以便利用计算机进行管理；代码体系应科学合理、结构清晰、层次分明，具有足够的容量、弹性和可兼容性，能满足施工项目管理需要。

(二) 明确施工项目管理中的信息流程

根据施工项目管理工作的要求和对项目组织结构、业务功能及流程的分析，建立各单位及人员之间、上下级之间、内外之间的信息连接，并保持纵横内外信息流动的渠道畅通有序，否则施工项目管理人员无法及时得到必要的信息，就会失去控制的基础、决策的依据和协调的媒介，将影响施工项目管理工作顺利进行。

(三) 建立施工项目管理中的信息收集制度

对施工项目的各种原始信息来源、要收集的信息内容、标准、时间要求、传递途径、反馈的范围、责任人员的工作职责、工作程序等有关问题做出具体规定，形成制度，认真执行，以保证原始资料的全面性、及时性、准确性和可靠性。为了便于信息的查询使用，一般是将收集的信息填写在项目目录清单上，再输入计算机。

(四) 建立施工项目管理中的信息处理

信息处理主要包括信息的收集、加工、传输、存储、检索和输出等工作。

二、施工项目信息管理系统的要求

第一，进行项目信息管理体系的设计时，应同时考虑项目组织和项目启动的需要，包括信息的准备、收集、标识、分类、分发、编目、更新、归档和检索等。信息应包括事件发生时的条件，以便使用前核查其有效性和相关性。所有影响项目执行的协议，包括非正式协议，都应正式形成文件。

第二，项目信息管理系统应目录完整、层次清晰、结构严密、表格自动生成。

第三，项目信息管理系统应方便项目信息输入、整理与存储，并利于用户随时提取信息。

第四，项目信息管理系统应能及时调整数据、表格与文档，能灵活补充、修改与删除数据。

第五，项目信息管理系统内含信息种类与数量应能满足项目管理的全部需要。

第六，项目信息管理系统应能使设计信息、施工准备阶段的管理信息、施工过程项目管理各专业的信息、项目结算信息、项目统计信息等有良好的接口。

第七，项目信息管理系统应能连接项目经理部内部各职能部门之间以及项目经理部与各职能部门、与作业层、与企业各职能部门、与企业法定代表人、与发包人和分包人、与监理机构等，使项目管理层与企业管理层及作业层信息收集渠道畅通、信息资源共享。

三、工程资料组卷要求

组卷是指按照一定原则和方法，将有保存价值的文件分类整理成案卷的过程。

（一）资料组卷要求

第一，工程资料如基建文件、监理资料、施工资料、水工建筑物质量评定资料及房建工程质量验收资料均应齐全、完整，并符合相关规定。文件材料和图纸应满足质量要求，否则应予以返工。

第二，工程竣工后，应绘制竣工图。竣工图应反差明显、图面整洁、线条清晰、字迹清楚，能满足微缩和计算机扫描的要求。

第三，工程资料组卷时，应按不同收集、整理单位及资料类别，按基建文件、监理资料、施工资料和竣工图分别进行组卷；施工资料还应按专业分类，以便于保管和利用。

第四，组卷时，应按单位工程进行组卷。卷内资料和排列顺序应依据卷内资料构成而定，一般顺序为封面、目录、资料部分、备考表和封底。

组成的卷案应美观、整齐。若卷内存在多类工程资料时，同类资料按自然形成的顺序和时间排序，不同资料之间应按一定顺序进行排列。

第五，水利工程资料组成的案卷不宜过厚，一般不超过40mm。案卷内不应有重复资料。

（二）资料组卷规定

1. 基建文件组卷

基建文件可根据类别和数量的多少组成一卷或多卷，如工程决策立项文件卷、征地拆迁文件卷、勘察、测绘与设计文件卷、工程开工文件卷、商务文件卷、工程竣工验收与备案文件卷。同一类基建文件还可根据数量多少组成一卷或多卷。

2. 监理资料组卷。监理资料可根据资料类别和数量多少组成一卷或多卷。

3. 施工资料组卷。施工资料组卷应按照专业、系统划分，每一专业、系统再按照资料类别并根据资料数量多少组成一卷或多卷。

对于专业化程度高，施工工艺复杂，通常由专业分包施工的子分部（分项）工程应分别单独组卷。应单独组卷子分部（分项）工程并按照顺序排列，并根据资料数量的多少组成一卷或多卷。

4. 水工建筑物施工质量评定资料组卷

根据单位工程或专业进行分卷，每单位工程应组成一卷，如堤防工程、灌浆工程、土砌工程、混凝土面板堆石坝、浆砌砌、发电厂房等，应分别组成一卷或多卷。

5. 房建工程质量验收资料组卷

房建工程施工质量验收资料应按资料的类别或专业进行分类组，有时也按单位工程进行组卷。并根据质量验收资料的多少组成一卷或多卷。

6. 组卷注意事项

组卷时，应注意：文字资料和图纸材料原则上不能混装在一个装具内，如资料材料较少，需放在一个装具内时，文字材料和图纸材料必须混合装订，其中文字材料排前，图样材料排后。

四、案卷的编写与装订

（一）案卷的规格

工程资料组卷时，要求卷内资料、封面、目录、备考表统一采用 A4 幅（297mm×210mm）尺寸，图纸分别采用 A0（841mm×1189mm），SI（594mm×841mm）、A2（420mm×594mm）、A3（297mm×420mm）、A4（297mm×210mm）幅面。小于 A4 幅面的资料要用 A4 白纸（297mm×210mm）衬托。

（二）案卷的编写

（1）编写页号应以独立卷为单位。再案卷内资料材料排列顺序确定后，均以有书写内容的页面编写页号。（2）每卷从阿拉伯数字1开始，用打号机或钢笔一次逐张连续标注页号，采用黑色、蓝色油墨或墨水。案卷封面、卷内目录和卷内备案表不编写页号。（3）页号编写位置：单面书写的文字材料页号编写在右下角，双面书写的文字材料页号正面编写在右下角，背面编写在左下角。（4）图纸拍叠后无论何种形式，页号一律编写在右下角。（5）案卷脊背项目有档号、案卷题名，有档案保管单位填写。城建档案析案卷脊背由城建档案馆填写。

（三）案卷的装订

（1）案卷应采用统一规格尺寸的装具；属于工程档案的文字、图纸材料一律采用城建档案馆监制的硬壳卷夹或卷盒。（2）文字材料必须装订成册，图纸材料可装订成册，也可散装存放。装订时要剔除金属物，装订线一侧根据案卷薄厚加垫草板纸。（3）案卷用棉线在左侧三孔装订，棉线装订结打在背面。装订线距左侧20mm，上下两孔分别距中孔80mm。（4）装订时，须将封面、目录、备考表、封底与案卷一起装订。图纸散装在卷盒内时，需将案卷封面、目录、备考表三件用棉线在左上角装订在一起。

五、归档与移交

第一，水利工程档案的保管期限分为永久、长期、短期三种。长期档案的实际保存期限不得短于工程的实际寿命。

第二，水利工程建设项目文件材料归档范围和保管期限表是对项目法人等相关单位应保存档案的原则规定。项目法人可结合实际，补充制定更加具体的工程档案归档范围及符合工程建设实际的工程档案分类方案。

第三，水利工程档案的归档工作，一般是由产生文件材料的单位或部门负责。总包单位对各分包单位提交的归档材料负有汇总责任。各参建单位技术负责人应对其提供档案的内容及质量负责，监理工程师对施工单位提交的归档材料应履行审核签字手续，监理单位应向项目法人提交对工程档案内容与整编质量情况的专题审核报告。

第四，水利工程文件材料的收集、整理应符合一般要求。归档文件材料的内容与形式均应满足档案整理规范要求。即内容应完整、准确、系统；形式应字迹清楚、图样清晰、图表整洁，竣工图及声像材料须标注的内容清楚、签字（章）手续完备，归档图纸应按要求统一折叠。

第五，竣工图是水利工程档案的重要组成部分，必须做到完整、准确、清晰、系统、修改规范、签字手续完备。项目法人应负责编制项目总平面图和综合管线竣工图。施工单位应以单位工程或专业为单位编制竣工图。竣工图须由编制单位在图标上方空白处逐张加盖竣工图章，有关单位和责任人应严格履行签字手续。每套竣工图应附编制说明、鉴定意见及目录。施工单位应按以下要求编制竣工图：

第六，水利工程建设声像档案是纸制载体档案的必要补充。参建单位应指定专人，负责各自产生的照片、胶片、录音、录像等声像材料的收集、整理、归档工作，归档的声像材料均应标注事由、时间、地点、人物、作者等内容。工程建设重要阶段、重大事件、事故，必须要有完整的声像材料归档。

第七，工程档案的归档与移交必须编制档案目录。档案目录应为案卷级，并须填写工程档案交接单。交接双方应认真核对目录与实物，并由经手人签字、加盖单位公章确认。

第八，工程档案的归档时间，可由项目法人根据实际情况确定。可分阶段在单位工程或单项工程完工后向项目法人归档，也可在主体工程全部完工后向项目法人归档。整个项目的归档工作和项目法人向有关单位的档案移交工作，应在工程竣工验收后三个月内完成。

六、电子档案的验收与移交

第一，建设单位在组织工程竣工验收前，提请当地建设（城建）档案管理机构对工程纸质档案进行预验收时，应同时提请对工程电子档案进行预验收。

第二，列入城建档案室接收范围的建设工程，建设单位向城建档案室移交工程纸质档案时，应同时移交一套工程电子档案。

第三，停建、缓建建设工程的电子档案，暂由建设单位保管。

第四，对改建、扩建和维修工程，建设单位应当组织设计、施工单位据实修改、补充、完善原工程电子档案。对改变的部位，应当重新编制工程电子档案，并和重新编制的工程纸质档案一起向城建档案室移交。

第五，城建档案室接收建设电子档案时，应按要求对电子档案再次检验，检验合格后，将检验结果按要求填入，交接双方签字、盖章。

第六，登记表应一式两份，移交和接收单位各存一份。

七、电子档案的管理

(一)脱机保管

建设电子档案的保管单位应配备必要的计算机及软、硬件系统,实现建设电子档案的在线管理与集成管理。并将建设电子档案的转存和迁移结合起来,定期将在线建设电子档案按要求转存为一套脱机保管的建设电子档案,以保障建设电子档案的安全保存。脱机建设电子档案(载体)应在符合保管条件的环境中存放,一式三套,一套封存保管,一套异地保存,一套提供利用。

(二)有效存储

(1)建设电子档案保管单位应每年对电子档案读取、处理设备的更新情况进行一次检查登记。设备环境更新时应确认库存载体与新设备的兼容性,如不兼容,必须进行载体转换。(2)对所保存的电子档案载体,必须进行定期检测及抽样机读检验,如发现问题应及时采取恢复措施。(3)应根据载体的寿命,定期对磁性载体、光盘载体等载体的建设电子档案进行转存。转存时必须进行登记。(4)在采取各种有效存储措施后,原载体必须保留三个月以上。

(三)迁移

(1)建设电子档案保管单位必须在计算机软、硬件系统更新前或电子文件格式淘汰前,将建设电子档案迁移到新的系统中或进行格式转换,保证其在新环境中完全兼容。(2)建设电子档案迁移时必须进行数据校验,保证迁移前后数据的完全一致。(3)建设电子档案迁移时必须进行迁移登记。(4)建设电子档案迁移后,原格式电子档案必须同时保留的时间不少于2年,但对于一些较为特殊必须以原始格式进行还原显示的电子档案,可采用保存原始档案的电子图像的方式。

(四)利用

(1)建设电子档案保管单位应编制各种检索工具,提供在线利用和信息服务。(2)利用时必须严格遵守国家保密法规和规定。凡利用互联网发布或在线利用建设电子档案时,应报请有关部门审核批准。(3)对具有保密要求的建设电子档案采用联网的方式利用时,必须按照国家、地方及部门有关计算机和网络保密安全管理的规定,采取必要的安全保密措施,报经国家或地方保密管理部门审批,确保国家利益和国家安全。

（4）利用时应采取在线利用或使用拷贝文件，电子档案的封存载体不得外借。脱机建设电子档案（载体）不得外借，未经批准，任何单位或人员不得擅自复制、拷贝、修改、转送他人。（5）利用者对电子档案的使用应在权限规定范围之内。

（五）鉴定销毁

建设工程电子档案的鉴定销毁，应按照国家关于档案鉴定销毁的有关规定执行。销毁建设电子档案必须在办理审批手续后实施，并按要求填写建设电子档案销毁登记表。

第六章　水利工程地基处理

第一节　岩基处理方法

若岩基处于严重风化或破碎状态，首先考虑清除至新鲜的岩基为止。若风化层或破碎带很厚，无法清除彻底时，则考虑采用灌浆的方法加固岩层和截止渗流。对于防渗，有时从结构上进行处理，设截水墙和排水系统。

灌浆方法是钻孔灌浆（在地基上钻孔，用压力把浆液通过钻孔压入风化或破碎的岩基内部）。待浆液胶结或固结后，就能达到防渗或加固的目的。最常用的灌浆材料是水泥。当岩石裂隙多、空洞大，吸浆量很大时，为了节省水泥，降低工程造价，改善浆液性能，常加砂或其他材料；当裂隙细微，水泥浆难以灌入，基础的防渗不能达到设计要求或者有大的集中渗流时，可采用化学材料灌浆的方法处理。化学灌浆是一种以高分子有机化合物为主体材料的新型灌浆方法。这种浆材呈溶液状态，能灌入0.1mm以下的微细裂缝，浆液经过一定时间起化学作用，可将裂缝黏合起来或形成凝胶，起到堵水防渗以及补强的作用。

一、基岩灌浆的分类

水工建筑物的岩基灌浆按其作用，可分为固结灌浆，帷幕灌浆和接触灌浆。灌浆技术不仅大量运用于建筑物的基岩处理，而且也是进行水工隧洞围岩固结、衬砌回填、超前支护，混凝土坝体接缝以及建（构）筑物补强、堵漏等方面的主要措施。

（一）帷幕灌浆

布置在靠近建筑物上游迎水面的基岩内，形成一道连续的平行建筑物轴线的防渗幕墙。其目的是减少基岩的渗流量，降低基岩的渗透压力，保证基础的渗透稳定。帷幕灌浆的深度主要由作用水头及地质条件等确定，较之固结灌浆要深得多，有些工程的帷幕深度超过百米。在施工中，通常采用单孔灌浆，所使用的灌浆压力比较大。

帷幕灌浆一般安排在水库蓄水前完成，这样有利于保证灌浆的质量。由于帷幕灌浆的工程量较大，与坝体施工在时间安排上有矛盾，所以通常安排在坝体基础灌浆廊道内进行。这样既可实现坝体上升与基岩灌浆同步进行，也为灌浆施工具备了一定厚度的混凝土压重，有利于提高灌浆压力、保证灌浆质量。

（二）固结灌浆

其目的是提高基岩的整体性与强度，并降低基础的透水性。当基岩地质条件较好时，一般可在坝基上、下游应力较大的部位布置固结灌浆孔；在地质条件较差而坝体较高的情况下，则需要对坝基进行全面的固结灌浆，甚至在坝基以外上、下游一定范围内也要进行固结灌浆。灌浆孔的深度一般为 5~8m，也有深达 15~40m 的，各孔在平面上呈网格交错布置。通常采用群孔冲洗和群孔灌浆。

固结灌浆宜在一定厚度的坝体基层混凝土上进行，这样可以防止基岩表面冒浆，并采用较大的灌浆压力，提高灌浆效果，同时也兼顾坝体与基者的接触灌浆。如果基岩比较坚硬、完整，为了加快施工速度，也可直接在基岩表面进行无混凝土压重的固结灌浆。在基层混凝土上进行钻孔灌浆，必须在相应部位混凝土的强度达到 50% 设计强度后，方可开始。或者先在岩基上钻孔，预埋灌浆管，待混凝土浇筑到一定厚度后再灌浆。同一地段的基岩灌浆必须按先固结灌浆后帷幕灌浆的顺序进行。

（三）接触灌浆

其目的是加强坝体混凝土与坝基或岸肩之间的结合能力，提高坝体的抗滑稳定性。一般是通过混凝土钻孔压浆或预先在接触面上埋设灌浆盒及相应的管道系统。也可结合固结灌浆进行。

接触灌浆应安排在坝体混凝土达到稳定温度以后进行，以利于防止混凝土收缩产生拉裂。

二、灌浆的材料

岩基灌浆的浆液，一般应该满足如下要求：

（1）浆液在受灌的岩层中应具有良好的可灌性，即在一定的压力下，能灌入到裂隙、空隙或孔洞中，充填密实；（2）浆液硬化成结石后，应具有良好的防渗性能、必要的强度和黏结力；（3）为便于施工和增大浆液的扩散范围，浆液应具有良好的流动性；（4）浆液应具有较好的稳定性，吸水率低。

基岩灌浆以水泥灌浆最普遍。灌入基岩的水泥浆液，由水泥与水按一定配比制成，水泥浆液呈悬浮状态。水泥灌浆具有灌浆效果可靠，灌浆设备与工艺比较简单，材料成本低廉等优点。

水泥浆液所采用的水泥品种，应根据灌浆目的和环境水的侵蚀作用等因素确定。一般情况下，可采用标号不低于C45的普通硅酸盐水泥或硅酸盐大坝水泥，如有耐酸等要求时，选用抗硫酸盐水泥。矿渣水泥与火山灰质硅酸盐水泥由于其吸水快、稳定性差、早期强度低等缺点，一般不宜使用。

水泥颗粒的细度对于灌浆的效果有较大影响。水泥颗粒越细，越能够灌入细微的裂隙中，水泥的水化作用也越完全。帷幕灌浆对水泥细度的要求为通过80孔筛的筛余量不大于5%。灌浆用的水泥要符合质量标准，不得使用过期、结块或细度不合要求的水泥。

对于岩体裂隙宽度小于200pm的地层，普通水泥制成的浆液一般难以灌入。为了提高水泥浆液的可灌性，自20世纪80年代以来，许多国家陆续研制出各类超细水泥，并在工程中得到广泛采用。超细水泥颗粒的平均粒径约4μm，比表面积8 000cm^2/g，它不仅具有良好的可灌性，同时在结石体强度、环保及价格等方面都具有很大优势，特别适合细微裂隙基岩的灌浆。

在水泥浆液中掺入一些外加剂（如速凝剂、减水剂、早强剂及稳定剂等），可以调节或改善水泥浆液的一些性能，满足工程对浆液的特定要求，提高灌浆效果。外加剂的种类及掺入量应通过试验确定。

在水泥浆液里掺入黏土、砂、粉煤灰，制成水泥黏土浆、水泥砂浆、水泥粉煤灰浆等，可用于注入量大、对结石强度要求不高的基岩灌浆。这主要是为了节省水泥、降低材料成本。砂砾石地基的灌浆主要是采用此类浆液。

当遇到一些特殊的地质条件如断层、破碎带、细微裂隙等，采用普通水泥浆液难以达到工程要求时，也可采用化学灌浆，即灌注以环氧树脂、聚氨酯、甲凝等高分子材料为基材制成的浆液。其材料成本比较高，灌浆工艺比较复杂。在基岩处理中，化学灌浆仅起辅助作用，一般是先进行水泥灌浆，再在其基础上进行化学灌浆，这样既可提高灌浆质量，也比较经济。

三、水泥灌浆的施工

在基岩处理施工前一般需进行现场灌浆试验。通过试验，可以了解基岩的可灌性、确定合理的施工程序与工艺、提供科学的灌浆参数等，为进行灌浆设计与施工准备提供主要依据。

基岩灌浆施工中的主要工序包括钻孔、钻孔（裂隙）冲洗、压水试验、灌浆、回填封孔等工作。

（一）钻孔

1. 确保孔位、孔深、孔向符合设计要求

钻孔的方向与深度是保证帷幕灌浆质量的关键。如果钻孔方向有偏斜，钻孔深度达不到要求，则通过各钻孔所灌注的浆液，不能连成一体，将形成漏水通路。

2. 力求孔径上下均一、孔壁平顺

孔径均一、孔壁平顺，则灌浆栓塞能够卡紧卡牢，灌浆时不至于产生绕塞返浆。

3. 钻进过程中产生的岩粉细屑较少

钻进过程中如果产生过多的岩粉细屑，容易堵塞孔壁的缝隙，影响灌浆质量，同时也影响工人的作业环境。

根据岩石的硬度完整性和可钻性的不同，分别采用硬质合金钻头、钻粒钻头和金刚钻头。6～7级以下的岩石多用硬质合金钻头；7级以上用钻粒钻头；石质坚硬且较完整的用金刚石钻头。

帷幕灌浆的钻孔宜采用回转式钻机和金刚石钻头或硬质合金钻头，其钻进效率较高，不受孔深、孔向、孔径和岩石硬度的限制，还可钻取岩芯。钻孔的孔径一般在75～91mm。固结灌浆则可采用各式合适的钻机与钻头。

孔向的控制相对较困难，特别是钻设斜孔，掌握钻孔方向更加困难。在工程实践中，按钻孔深度不同规定了钻孔偏斜的允许值。当深度大于60m时，则允许的偏差不应超过钻孔的间距。钻孔结束后，应对孔深、孔斜和孔底残留物等进行检查，不符合要求的应采取补救处理措施。

4. 钻孔顺序

为了有利于浆液的扩散和提高浆液结合的密实性，在确定钻孔顺序时应和灌浆次序密切配合。一般是当一批钻孔钻进完毕后，随即进行灌浆。钻孔次序则以逐渐加密钻孔数和缩小孔距为原则。对排孔的钻孔顺序，先下游排孔，后上游排孔，最后中间排孔。对统一排孔而言，一般2～4次序孔施工，逐渐加密。

（二）钻孔冲洗

钻孔后，要进行钻孔及岩石裂隙的冲洗。冲洗工作通常分为：（1）钻孔冲洗，将残存在钻孔底和黏滞在孔壁的岩粉铁屑等冲洗出来；（2）岩层裂隙冲洗，将岩层裂隙中的充填物冲洗出孔外，以便浆液进入到腾出的空间，使浆液结石与基岩胶结成整体。在断层、破碎带和细微裂隙等复杂地层中灌浆，冲洗的质量对灌浆效果影响极大。

一般采用灌浆泵将水压入孔内循环管路进行冲洗。将冲洗管插入孔内，用阻塞器将孔口堵紧，用压力水冲洗。也可采用压力水和压缩空气轮换冲洗或压力水和压缩空气混合冲洗的方法。

岩层裂隙冲洗方法分为单孔冲洗和群孔冲洗两种。在岩层比较完整，裂隙比较少的地方，可采用单孔冲洗。冲洗方法有高压压水冲洗、高压脉动冲洗和扬水冲洗等。

当节理裂隙比较发育且在钻孔之间互相串通的地层中，可采用群孔冲洗。将两个或两个以上的钻孔组成一个孔组，轮换地向一个孔或几个孔压进压力水或压力水混合压缩空气，从另外的孔排出污水，这样反复交替冲洗，直到各个孔出水洁净为止。

群孔冲洗时，沿孔深方向冲洗段的划分不宜过长，否则冲洗段内钻孔通过的裂隙条数增多，这样不仅分散冲洗压力和冲洗水量，并且一旦有部分裂隙冲通以后，水量将相对集中在这几条裂隙中流动，使其他裂隙得不到有效的冲洗。

为了提高冲洗效果，有时可在冲洗液中加入适量的化学剂，以利于促进泥质充填物的溶解。加入化学剂的品种和掺量，宜通过试验确定。

采用高压水或高压水气冲洗时，要注意观测，防止冲洗范围内岩层的抬动和变形。

（三）压水试验

在冲洗完成并开始灌浆施工前，一般要对灌浆地层进行压水试验。压水试验的主要目的是：测定地层的渗透特性，为基岩的灌浆施工提供基本技术资料。压水试验也是检查地层灌浆实际效果的主要方法。

压水试验的原理：在一定的水头压力下，通过钻孔将水压入到孔壁四周的缝隙中，根据压入的水量和压水的时间，计算出代表岩层渗透特性的技术参数。

（四）灌浆的方法与工艺

为了确保岩基灌浆的质量，必须注意以下问题。

1. 钻孔灌浆的次序

基岩的钻孔与灌浆应遵循分序加密的原则进行。一方面可以提高浆液结石的密实性，另一方面，通过后灌序孔透水率和单位吸浆量的分析，可推断先灌序孔的灌浆效果，同时还有利于减少相邻孔串浆现象。

2. 注浆方式

按照灌浆时浆液灌注和流动的特点，灌浆方式有纯压式和循环式两种。对于帷幕灌浆，应优先采用循环式。

纯压式灌浆，就是一次将浆液压入钻孔，并扩散到岩层裂隙中。灌注过程中，浆液从灌浆机向钻孔流动，不再返回；这种灌注方式设备简单，操作方便，但浆液流动速度较慢，容易沉淀，造成管路与岩层缝隙的堵塞，影响浆液扩散。纯压式灌浆多用于吸浆量大，有大裂隙存在，孔深不超过12~15m的情况。

循环式灌浆，灌浆机把浆液压入钻孔后，浆液一部分被压入岩层缝隙中，另一部分由回浆管返回拌浆筒中。这种方法一方面可使浆液保持流动状态，减少浆液沉淀；另一方面可根据进浆和回浆浆液比重的差别，来了解岩层吸收情况，并作为判定灌浆结束的一个条件。

3. 钻灌方法

按照同一钻孔内的钻灌顺序，有全孔一次钻灌和全孔分段钻灌两种方法。全孔一次钻灌系将灌浆孔一次钻到全深，并沿全孔进行灌浆。这种方法施工简便，多用于孔深不超过6m，地质条件良好，基岩比较完整的情况。

全孔分段钻灌又分为自上而下法、自下而上法、综合灌浆法及孔口封闭法等。

（1）自上而下分段钻灌法

其施工顺序是：钻一段，灌一段，待凝一定时间以后，再钻灌下一段，钻孔和灌浆交替进行，直到设计深度。其优点是：随着段深的增加，可以逐段增加灌浆压力，借以提高灌浆质量；由于上部岩层经过灌浆，形成结石，下部岩层灌浆时，不易产生岩层抬动和地面冒浆等现象；分段钻灌，分段进行压水试验，压水试验的成果比较准确，有利于分析灌浆效果，估算灌浆材料的需用量。但缺点是钻灌一段以后，要待凝一定时间，才能钻灌下一段，钻孔与灌浆须交替进行，设备搬移频繁，影响施工进度。

（2）自下而上分段钻灌法

一次将孔钻到全深，然后自下而上逐段灌浆，这种方法的优缺点与自上而下分段灌浆刚好相反。一般多用在岩层比较完整或基岩上部已有足够压重不致引起地面抬动的情况。

（3）综合钻灌法

在实际工程中，通常是接近地表的岩层比较破碎，愈往下岩层愈完整。因此，在进行深孔灌浆时，可以兼取以上两种方法的优点，上部孔段采用自上而下法钻灌，下部孔段则采用自下而上法钻灌。

（4）孔口封闭灌浆法

其要点是：先在孔口镶铸不小于2m的孔口管，以便安设孔口封闭器；采用小孔径的钻孔，自上而下逐段钻孔与灌浆；上段灌后不必待凝，进行下段的钻灌，如此循环，直至终孔；可以多次重复灌浆，可以使用较高的灌浆压力。

一般情况下，灌浆孔段的长度多控制在5~6m。如果地质条件好，岩层比较完整，段长可适当放长，但也不宜超过10m；在岩层破碎，裂隙发育的部位，段长应适当缩短，可取3~4m；而在破碎带、大裂隙等漏水严重的地段以及坝体与基岩的接触面，应单独分段进行处理。

4. 灌浆压力

灌浆压力通常是指作用在灌浆段中部的压力。灌浆压力是控制灌浆质量、提高灌浆经济效益的重要因素。确定灌浆压力的原则是：在不至于破坏基础和建筑物的前提下，尽可能采用比较高的压力。高压灌浆可以使浆液更好地压入细小缝隙内，增大浆液扩散半径，析出多余的水分，提高灌注材料的密实度、灌浆压力的大小，与孔深、岩层性质、有无压重以及灌浆质量要求等有关，可参考类似工程的灌浆资料，特别是现场灌浆试验成果确定，并且在具体的灌浆施工中结合现场条件进行调整。

5. 灌浆压力的控制

在灌浆过程中，合理地控制灌浆压力和浆液稠度，是提高灌浆质量的重要保证。灌浆过程中灌浆压力的控制基本上有两种类型，即一次升压法和分级升压法。

（1）一次升压法

灌浆开始后，一次将压力升高到预定的压力，并在这个压力作用下，灌注由稀到浓的浆液。当每一级浓度的浆液注入量和灌注时间达到一定限度以后，就变换浆液配比，逐级加浓。随着浆液浓度的增加，裂隙将被逐渐充填，浆液注入率将逐渐减少，当达到结束标准时，就结束灌浆。这种方法适用于透水性不大，裂隙不甚发育，岩层比较坚硬完整的地方。

（2）分级升压法

是将整个灌浆压力分为几个阶段，逐级升压直到预定的压力。开始时，从最低一级压力起灌，当浆液注入率减少到规定的下限时，将压力升高一级，如此逐级升压，直到预定的灌浆压力。

6. 浆液稠度的控制

灌浆过程中，必须根据灌浆压力或吸浆率的变化情况，适时调整浆液的稠度，使岩层的大小缝隙既能灌饱，又不浪费。浆液稠度的变换按先稀后浓的原则控制，这是由于稀浆的流动性较好，宽细裂隙都能进浆，使细小裂隙先灌饱，而后随着浆液稠度逐渐变浓，其他较宽的裂隙也能逐步得到良好的充填。

7. 灌浆的结束条件与封孔

灌浆的结束条件，一般用两个指标来控制，一个是残余吸浆量，又称最终吸浆量，即灌到最后的限定吸浆量；另一个是闭浆时间，即在残余吸浆量不变的情况下保持设计规定压力的延续时间。

帷幕灌浆时，在设计规定的压力之下，灌浆孔段的浆液注入率小于0.4L/min时，再延续灌注60min（自上而下法）或30min（自下而上法）；或浆液注入率不大于1.0L/min时，继续灌注90min或60min，就可结束灌浆。

对于固结灌浆，其结束标准是浆液注入率不大于0.4L/min，延续时间30min，灌浆可以结束。

灌浆结束以后，应随即将灌浆孔清理干净。对于帷幕灌浆孔，宜采用浓浆灌浆法填实，再用水泥砂浆封孔；对于固结灌浆，孔深小于10m时，可采用机械压浆法进行回填封孔，即通过深入孔底的灌浆管压入浓水泥浆或砂浆，顶出孔内积水，随浆面的上升，缓慢提升灌浆管。当孔深大于10m时，其封孔与帷幕孔相同。

（五）灌浆的质量检查

基岩灌浆属于隐蔽性工程，必须加强灌浆质量的控制与检查。为此，一方面，要认真做好灌浆施工的原始记录，严格灌浆施工的工艺控制，防止违规操作；另一方面，要在一个灌浆区灌浆结束以后，进行专门性的质量检查，作出科学的灌浆质量评定。基岩灌浆的质量检查结果，是整个工程验收的重要依据。

灌浆质量检查的方法很多，常用的有：在已灌地区钻设检查孔，通过压水试验和浆液注入率试验进行检查；通过检查孔，钻取岩芯进行检查，或进行钻孔照相和孔内电视，观察孔壁的灌浆质量；开挖平洞、竖井或钻设大口径钻孔，检查人员直接进去观察检查，并在其中进行抗剪强度、弹性模量等方面的试验；利用地球物理勘探技术，测定基岩的弹性模量、弹性波速等，对比这些参数在灌浆前后的变化，借以判断灌浆的质量和效果。

四、化学灌浆

化学灌浆是在水泥灌浆基础上发展起来的新型灌浆方法。它是将有机高分子材料配制成的浆液灌入地基或建筑物的裂缝中经胶凝固化后，达到防渗、堵漏、补强、加固的目的。

它主要用于裂隙与空隙细小（0.1mm 以下），颗粒材料不能灌入；对基础的防渗或强度有较高要求；渗透水流的速度较大，其他灌浆材料不能封堵等情况。

（一）化学灌浆的特性

化学灌浆材料有很多品种，每种材料都有其特殊的性能，按灌浆的目的可分为防渗堵漏和补强加固两大类。属于防渗堵漏的有水玻璃、丙凝类、聚氨酯类等，属于补强加固的有环氧树脂类、甲凝类等。化学浆液有以下特性：

（1）化学浆液的黏度低，有的接近于水，有的比水还小。其流动性好，可灌性高，可以灌入水泥浆液灌不进去的细微裂隙中。（2）化学浆液的聚合时间可以比较准确地控制，从几秒到几十分钟，有利于机动灵活地进行施工控制。（3）化学浆液聚合后的聚合体，渗透系数很小，一般为 $10^{-6} \sim 10^{-5}$ cm/s，防渗效果好。（4）有些化学浆液聚合体本身的强度及粘结强度比较高，可承受高水头。（5）化学灌浆材料聚合体的稳定性和耐久性均较好，能抗酸、碱及微生物的侵蚀。（6）化学灌浆材料都有一定毒性，在配制、施工过程中要十分注意防护，并切实防止对环境的污染。

（二）化学灌浆的施工

由于化学材料配制的浆液为真溶液，不存在粒状灌浆材料所存在的沉淀问题，故化学灌浆都采用纯压式灌浆。

化学灌浆的钻孔和清洗工艺及技术要求，与水泥灌浆基本相同，也遵循分序加密的原则进行钻孔灌浆。

化学灌浆的方法，按浆液的混合方式区分，有单液法灌浆和双液法灌浆。一次配制成的浆液或两种浆液组分在泵送灌注前先行混合的灌浆方法称为单液法。两种浆液组分在泵送后才混合的灌浆方法称为双液法。前者施工相对简单，在工程中使用较多。为了保持连续供浆，现在多采用电动式比例泵提供压送浆液的动力。比例泵是专用的化学灌浆设备，由两个出浆量能够任意调整，可实现按设计比例压浆的活塞泵所构成。对于小型工程和个别补强加固的部位，也可采用手压泵。

第二节　防渗墙

防渗墙是一种修建在松散透水底层或土石坝中起防渗作用的地下连续墙。防渗墙技术起源于欧洲，因其结构可靠、施工简单、适应各类底层条件、防渗效果好以及造价低等优点，现在国内外得到了广泛应用。

一、防渗墙特点

（一）适用范围较广

适用于多种地质条件，如沙土、沙壤土、粉土以及直径小于 10mm 的卵砾石土层，都可以做连续墙，对于岩石地层可以使用冲击钻成槽。

（二）实用性较强

广泛应用于水利、工业民用建筑、市政建设等各个领域。塑性混凝土防渗墙可以在江河、湖泊、水库堤坝中起到防渗加固作用；刚性混凝土连续墙可以在工业民用建筑、市政建设中起到挡土、承重作用。混凝土连续墙深度可达 100 多米。三峡二期围堰轴线全长 1439.6m，最大高度 82.5m，最大填筑水深达 60m，最大挡水水头达 85m，防渗墙最大高度 74m。

（三）施工条件要求较宽

地下连续墙施工时噪声低、振动小，可在较复杂条件下施工，可昼夜施工，加快施工速度。

（四）安全、可靠

地下连续墙技术自诞生以来有了较大发展，在接头的连接技术上也有了很大进步，较好地完成了段与段之间的连接，其渗透系数可达到 10^{-7} cm/s 以下。作为承重和挡土墙，可以做成刚度较大的钢筋混凝土连续墙。

二、防渗墙的作用与结构特点

(一) 防渗墙的作用

防渗墙是一种防渗结构,但其实际的应用已远远超出了防渗的范围,可用来解决防渗、防冲、加固、承重及地下截流等工程问题。具体的运用主要有如下几个方面:

(1) 控制闸、坝基础的渗流。(2) 控制土石围堰及其基础的渗流。(3) 防止泄水建筑物下游基础的冲刷。(4) 加固一些有病害的土石坝及堤防工程。(5) 作为一般水工建筑物基础的承重结构。(6) 拦截地下潜流,抬高地下水位,形成地下水库。

(二) 防渗墙的构造特点

防渗墙的类型较多,但从其构造特点来说,主要是两类:槽孔(板)型防渗墙和桩柱型防渗墙。前者是我国水利工程中混凝土防渗墙的主要形式。防渗墙系垂直防渗措施,其立面布置有两种形式:封闭式与悬挂式。封闭式防渗墙是指墙体插入到基岩或相对不透水层一定深度,以实现全面截断渗流的目的。而悬挂式防渗墙,墙体只深入地层一定深度,仅能加长渗径,无法完全封闭渗流。对于高水头的坝体或重要的围堰,有时设置两道防渗墙,共同作用,按一定比例分担水头。这时应注意水头的合理分配,避免造成单道墙承受水头过大而破坏,这对另一道墙也是很危险的。

防渗墙的厚度主要由防渗要求、抗渗耐久性、墙体的应力与强度及施工设备等因素确定。其中,防渗墙的耐久性是指抵抗渗流侵蚀和化学溶蚀的性能,这两种破坏作用均与水力梯度有关。

不同的墙体材料具有不同的抗渗耐久性,其允许水力梯度值也就不同。如普通混凝土防渗墙的允许水力梯度值一般在80~100,而塑性混凝土因其抗化学溶蚀性能较好,可达300,水力梯度值一般在50~60。

(三) 防渗性能

根据混凝土防渗墙深度、水头压力及地质条件的不同,混凝土防渗墙可以采用不同的厚度,从1.5~0.20m不等。在长江监利县南河口大堤用过的混凝土防渗墙深度为15~20m,墙体厚度为7.5cm。渗透系数$K < 10^{-7}$cm/s,抗压强度大于1.0MPa。目前,塑性混凝土防渗墙越来越受到重视,它是在普通混凝土中加入黏土、膨润土等掺合材料,大幅度降低水泥掺量而形成的一种新型塑性防渗墙体材料。塑性混凝土防渗墙因其弹性模量低,极限应变大,使得塑性混凝土防渗墙在荷载作用下,墙内应力和应变都很低,

可提高墙体的安全性和耐久性，而且施工方便，节约水泥，降低工程成本，具有良好的变形和防渗性能。

三、防渗墙的墙体材料

防渗墙的墙体材料，按其抗压强度和弹性模量，一般分为刚性材料和柔性材料。可在工程性质与技术经济比较后，选择合适的墙体材料。

刚性材料包括普通混凝土、黏土混凝土和掺粉煤灰混凝土等，其抗压强度大于5MPa，弹性模量大于10 000MPa。柔性材料的抗压强度则小于5MPa，弹性模量小于10 000MPa，包括塑性混凝土、自凝灰浆和固化灰浆等。另外，现在有些工程开始使用强度大于25MPa的高强混凝土，以适应高坝深基础对防渗墙的技术要求。

（一）普通混凝土

是指其强度在7.5~20MPa，不加其他掺合料的高流动性混凝土。由于防渗墙的混凝土是在泥浆下浇筑，故要求混凝土能在自重下自行流动，并有抗离析与保持水分的性能。其坍落度一般为18~22cm，扩散度为34~38cm。

（二）黏土混凝土

在混凝土中掺入一定量的黏土（一般为总量的12%~20%），不仅可以节省水泥，还可以降低混凝土的弹性模量，改变其变形性能，增加其和易性，改善其易堵性。

（三）粉煤灰混凝土

在混凝土中掺加一定比例的粉煤灰，能改善混凝土的和易性，降低混凝土发热量，提高混凝土密实性和抗侵蚀性，并具有较高的后期强度。

（四）塑性混凝土

以黏土和（或）膨润土取代普通混凝土中的大部分水泥所形成的一种柔性墙体材料。

塑性混凝土与黏土混凝土有本质区别，因为后者的水泥用量降低并不多，掺黏土的主要目的是改善和易性，并未过多改变弹性模量。塑性混凝土的水泥用量仅为80~100kg/m³，使得其强度低，特别是弹性模量值低到与周围介质（基础）相接近，这时，墙体适应变形的能力大大提高，几乎不产生拉应力，减少了墙体出现开裂现象的可能性。

（五）自凝灰浆

是在固壁浆液（以膨润土为主）中加入水泥和缓凝剂所制成的一种灰浆。凝固前作为造孔用的固壁泥浆，槽孔造成后则自行凝固成墙。

（六）固化灰浆

在槽锻造孔完成后，向固壁的泥浆中加入水泥等固化材料，沙子、粉煤灰等掺合料，水玻璃等外加剂，经机械搅拌或压缩空气搅拌后，凝固成墙体。

四、防渗墙的施工工艺

槽孔（板）型的防渗墙，是由一段槽孔套接而成的地下墙。尽管在应用范围、构造形式和墙体材料等方面存在各种类型的防渗墙，但其施工程序与工艺是类似的，主要包括：（1）造孔前的准备工作；（2）泥浆固壁与造孔成槽；（3）终孔验收与清孔换浆；（4）槽孔浇筑；（5）全墙质量验收等过程。

（一）造孔准备

造孔前准备工作是防渗墙施工的一个重要环节。

必须根据防渗墙的设计要求和槽孔长度的划分，作好槽孔的测量定位工作，并在此基础上设置导向槽。

导向槽的作用是：导墙是控制防渗墙各项指标的基准，导墙和防渗墙的中心线必须一致，导墙宽度一般比防渗墙的宽度多3～5cm，它指示挖槽位置，为挖槽起导向作用；导墙竖向面的垂直度是决定防渗墙垂直度的首要条件，导墙顶部应平整，保证导向钢轨的架设和定位；导墙可防止槽壁顶部坍塌，保持泥浆压力，防止坍塌和阻止废浆脏水倒流入槽，保证地面土体稳定，在导墙之间每隔1～3m加设临时木支撑；导墙经常承受灌注混凝土的导管、钻机等静、动荷载，可以起到重物支承台的作用；维持稳定液面的作用，特别是地下水位很高的地段，为维持稳定液面，至少要高出地下水位1m；导墙内的空间有时可作为稳定液的贮藏槽。

导向槽可用木料、条石、灰拌土或混凝土制成。导向槽沿防渗墙轴线设在槽孔上方，导向槽的净宽一般等于或略大于防渗墙的设计厚度，高度以1.5～2.0m为宜。为了维持槽孔的稳定，要求导向槽底部高出地下水位0.5m以上。为了防止地表积水倒流和便于自流排浆，其顶部高程应比两侧地面略高。

钢筋混凝土导墙常用现场浇筑法。其施工顺序是：平整场地、测量位置、挖槽与处理弃土、绑扎钢筋、支模板、灌注混凝土、拆模板并设横撑、回填导墙外侧空隙并碾压密实。

导墙的施工接头位置，应与防渗墙的施工接头位置错开。另外还可设置插铁以保持导墙的连续性。

导向槽安设好后，在槽侧铺设造孔钻机的轨道，安装钻机，修筑运输道路，架设动力和照明路线以及供水供浆管路，作好排水排浆系统，并向槽内充灌泥浆，保持泥浆液面在槽顶以下 30~50cm。做好这些准备工作以后，就可开始造孔。

（二）固壁泥浆和泥浆系统

在松散透水的地层和坝（堰）体内进行造孔成墙，如何维持槽孔孔壁的稳定是防渗墙施工的关键技术之一。工程实践表明，泥浆固壁是解决这类问题的主要方法。泥浆固壁的原理是：由于槽孔内的泥浆压力要高于地层的水压力，使泥浆渗入槽壁介质中，其中较细的颗粒进入空隙，较粗的颗粒附在孔壁上，形成泥皮。泥皮对地下水的流动形成阻力，使槽孔内的泥浆与地层被泥皮隔开。泥浆一般具有较大的密度，所产生的侧压力通过泥皮作用在孔壁上，就保证了槽壁的稳定。

泥浆除了固壁作用外，在造孔过程中，还有悬浮和携带岩屑、冷却润滑钻头的作用；成墙以后，渗入孔壁的泥浆和胶结在孔壁的泥皮，还对防渗起辅助作用。由于泥浆的特殊重要性，在防渗墙施工中，国内外工程对于泥浆的制浆土料、配比以及质量控制等方面均有严格的要求。

泥浆的制浆材料主要有膨润土、黏土、水以及改善泥浆性能的掺合料，如加重剂、增黏剂、分散剂和堵漏剂等。制浆材料通过搅拌机进行拌制，经筛网过滤后，放入专用储浆池备用。

我国根据大量的工程实践，提出制浆土料的基本要求是黏粒含量大于50%，塑性指数大于20，含砂量小于5%，氧化硅与三氧化二铝含量的比值以3~4为宜。配制而成的泥浆，其性能指标，应根据地层特性、造孔方法和泥浆用途等，通过试验选定。

（三）造孔成槽

造孔成槽工序约占防渗墙整个施工工期的一半。槽孔的精度直接影响防渗墙的质量。选择合适的造孔机具与挖槽方法对于提高施工质量、加快施工速度至关重要。混凝土防渗墙的发展和广泛应用，也是与造孔机具的发展和造孔挖槽技术的改进密切相关的。

用于防渗墙开挖槽孔的机具，主要有冲击钻机、回转钻机、钢绳抓斗及液压铣槽机等。它们的工作原理、适用的地层条件及工作效率有一定差别。对于复杂多样的地层，一般要多种机具配套使用。

进行造孔挖槽时，为了提高工效，通常要先划分槽段，然后在一个槽段内，划分主孔和副孔，采用钻劈法、钻抓法或分层钻进等方法成槽。

各种造孔挖槽的方法，都采用泥浆固壁，在泥浆液面下钻挖成槽的。在造孔过程中，要严格按操作规程施工，防止掉钻、卡钻、埋钻等事故发生；必须经常注意泥浆液面的稳定，发现严重漏浆，要及时补充泥浆，采取有效的止漏措施；要定时测定泥浆的性能指标，并控制在允许范围以内；应及时排除废水、废浆、废渣，不允许在槽口两侧堆放重物，以免影响工作，甚至造成孔壁坍塌；要保持槽壁平直，保证孔位、孔斜、孔深、孔宽以及槽孔搭接厚度、嵌入基岩的深度等满足规定的要求，防止漏钻漏挖和欠钻欠挖。

（四）终孔验收和清孔换浆

验收合格方准进行清孔换浆，清孔换浆的目的是在混凝土浇筑前，对留在孔底的沉渣进行清除，换上新鲜泥浆，以保证混凝土和不透水地层连接的质量。清孔换浆应该达到的标准是：经过1h后，孔底淤积厚度不大于10cm，孔内泥浆密度不大于1.3，黏度不大于30s，含砂量不大于10%。一般要求清孔换浆以后4h内开始浇筑混凝土。如果不能按时浇筑，应采取措施，防止落淤，否则，在浇筑前要重新清孔换浆。

（五）墙体浇筑

防渗墙的混凝土浇筑和一般混凝土浇筑不同，是在泥浆液面下进行的。泥浆下浇筑混凝土的主要特点是：（1）不允许泥浆与混凝土掺混形成泥浆夹层。（2）确保混凝土与基础以及一、二期混凝土之间的结合。（3）连续浇筑，一气呵成。

泥浆下浇筑混凝土常用直升导管法。清孔合格后，立即下设钢筋笼、预埋管、导管和观测仪器。导管由若干节管径20～25cm的钢管连接而成，沿槽孔轴线布置，相邻导管的间距不宜大于3.5m，一期槽孔两端的导管距端面以1.0～1.5m为宜，开浇时导管口距孔底10～25cm，把导管固定在槽孔口。当孔底高差大于25cm时，导管中心应布置在该导管控制范围的最低处。这样布置导管，有利于全槽混凝土面的均衡上升，有利于一、二期混凝土的结合，并可防止混凝土与泥浆掺混。槽孔浇筑应严格遵循先深后浅的顺序，即从最深的导管开始，由深到浅一个一个导管依次开浇，待全槽混凝土面浇平以后，再全槽均衡上升。

每个导管开浇时，先下入导注塞，并在导管中灌入适量的水泥砂浆，准备好足够数量的混凝土，将导注塞压到导管底部，使管内泥浆挤出管外。然后将导管稍微上提，使导注塞浮出，一举将导管底端被泻出的砂浆和混凝土埋住，保证后续浇筑的混凝土不至于泥浆掺混。

在浇筑过程中，应保证连续供料，一气呵成；保持导管埋入混凝土的深度不小于1m；维持全槽混凝土面均衡上升，上升速度不应小于2m/h，高差控制在0.5m范围内。

混凝土上升到距孔口10m左右，常因沉淀砂浆含砂量大，稠度增浓，压差减小，增加浇筑困难。这时可用空气吸泥器，砂泵等抽排浓浆，以便浇筑顺利进行。

浇筑过程中应注意观测，作好混凝土面上升的记录，防止堵管、埋管、导管漏浆和泥浆掺混等事故的发生。

五、防渗墙的质量检查

对混凝土防渗墙的质量检查应按规范及设计要求进行，主要有如下几个方面：

（1）槽孔的检查，包括几何尺寸和位置、钻孔偏斜、入岩深度等。（2）清孔检查，包括槽段接头、孔底淤积厚度、清孔质量等。（3）混凝土质量的检查，包括原材料、新拌料的性能、硬化后的物理力学性能等。（4）墙体的质量检测，主要通过钻孔取芯、超声波及地震透射层析成像（CT）技术等方法全面检查墙体的质量。

六、双轮铣成槽技术

（一）双轮铣成槽技术工作原理

双轮铣设备的成槽原理是通过液压系统驱动下部两个轮轴转动，水平切削、破碎地层，采用反循环出碴。双轮铣设备主要由三部分组成：起重设备、铣槽机、泥浆制备及筛分系统等。铣槽时，两个铣轮低速转动，方向相反，其铣齿将地层围岩铣削破碎，中间液压马达驱动泥浆泵，通过铣轮中间的吸砂口将钻掘出的岩渣与泥浆混合物排到地面泥浆站进行集中除砂处理、然后将净化后的泥浆返回槽段内，如此往复循环，直至终孔成槽。在地面通过传感器控制液压千斤顶系统伸出或缩回导向板、纠偏板，调整铣头的姿态，并调慢铣头下降速度，从而有效地控制了槽孔的垂直度。

（二）主要优点

（1）对地层适应性强，从软土到岩石地层均可实施切削搅拌，更换不同类型的刀具即可在淤泥、砂、砾石、卵石及中硬强度的岩石、混凝土中开挖；（2）钻进效率高，在松散地层中钻进效率20～40m³/h，双轮铣设备施工进度与传统的抓槽机和冲孔机在土层、砂层等软弱地层中为抓槽机的2～3倍，在微风岩层中可达到冲孔成槽效率的20倍以上，同时也可以在岩石中成槽；（3）孔形规则（墙体垂直度可控制在3‰以下）；（4）运转灵活，操作方便；（5）排碴同时即清孔换浆，减少了混凝土浇筑准备时间；（6）低噪声、低振动，可以贴近建筑物施工。（7）设备成桩深度大，远大于常规设备；（8）设备成桩尺寸、深度、注浆量、垂直度等参数控制精度高，可保证施工质量，工艺没有"冷缝"概念，可实现无缝连接，形成无缝墙体。

（三）施工准备

1. 测量放样

施工前使用GPS放样防渗墙轴线，然后延轴线向两侧分别引出桩点，便于机械移动施工。

2. 机械设备

主要施工机械有双轮铣，水泥罐，空气压缩机，制浆设备，挖掘机等。

3. 施工材料

水泥选用强度等级为42.5级矿渣水泥。进场水泥必须具备出厂合格证，并经现场取样送试验室复检合格，水泥罐储量要充分满足施工需要。

施工供水、施工供电等。

（四）施工工艺

工艺流程包括清场备料、放样接高、安装调试、开沟铺板、移机定位、铣削掘进搅拌、浆液制备、输送、铣体混合输送等、回转提升、成墙移机等。

（五）造墙方式

液压双轮铣槽机和传统深层搅拌的技术特点相结合起来，在掘进注浆、供气、铣、削和搅拌的过程中，四个铣轮相对相向旋转，铣削地层；同时通过矩形方管施加向下的推进力向下掘进切削。在此过程中，通过供气、注浆系统同时向槽内分别注入高压气体、固化剂和添加剂（一般为水泥和膨润土），直至达到设备要求的深度。此后，四个铣轮作相反方向相向旋转，通过矩形方管慢慢提起铣轮，并通过供气、注浆管路系统再向槽内分别注入气体和固化液，并与槽内的基土相混合，从而形成由基土、固化剂、水、添加剂等形成的水泥土混合物的固化体，成为等厚水泥土连续墙。幅间连接为完全铣削结合，第二幅与第一幅搭接长度为 20~30cm，接合面无冷缝。

（六）造墙

1. 铣头定位

根据不同的地质情况选用适合该地层的铣头，随后将双轮铣机的铣头定位于墙体中心线和每幅标线上。

2. 垂直的精度

对于矩形方管的垂直度，采用经纬仪作三支点桩架垂直度的初始零点校准，由支撑矩形方管的三支点辅机的垂直度来控制。从而有效地控制了槽形的垂直度。其墙体垂直度可控制在 3‰以内。

3. 铣削深度

控制铣削深度为设计深度的 ±0.2m。

4. 铣削速度

开动双轮铣主机掘进搅拌，并徐徐下降铣头与基土接触，按设计要求注浆、供气。控制铣轮的旋转速度为 22~26r/min，一般铣进控速为 0.4~1.5m/min。根据地质情况可适当调整掘进速度和转速，以避免形成真空负压，孔壁坍陷，造成墙体空隙。在实际掘进过程中，由于地层 35m 以下土质较为复杂，需要进行多次上提和下沉掘进动作，满足设计进尺及注浆要求。

5. 注浆

制浆桶制备的浆液放入到储浆桶，经送浆泵和管道送入移动车尾部的储浆桶，再由注浆泵经管路送至挖掘头。注浆量的大小由装在操作台的无级电机调速器和自动瞬时流速计及累计流量计监控；一般根据钻进尺速度与掘削量在 100~350L/min 内调整。在掘进过程中按设计要求进行一、二次注浆，注浆压力一般为 2.0~3.0MPa。若中途出现堵管、断浆等现象，应立即停泵，查找原因进行修理，待故障排除后再掘进搅拌。当因故停机超过半小时时，应对泵体和输浆管路妥善清洗。

6. 供气

由装在移动车尾部的空气压缩机制成的气体经管路压至钻头，其量大小由手动阀和气压表配给；全程气体不得间断；控制气体压力为 0.3~0.7MPa。

7. 成墙厚度

为保证成墙厚度，应根据铣头刀片磨损情况定期测量刀片外径，当磨损达到1cm时必须对刀片进行修复。

8. 墙体均匀度

为确保墙体质量，应严格控制掘进过程中的注浆均匀性以及由气体升扬置换墙体混合物的沸腾状态。

9. 墙体连接

每幅间墙体的连接是地下连续墙施工最关键的一道工序，必须保证充分搭接。液压铣削施工工艺形成矩形槽段，在施工时严格控制墙（桩）位并做出标识，确保搭接在30cm左右，以达到墙体整体连续作业；严格与轴线平行移动，以确保墙体平面的平整度。

10. 水泥掺入比

水泥掺入量按20%控制，一般为下沉空搅部分占有效墙体部位总水泥量的70%左右。

11. 水灰比

下沉过程水灰比一般控制在1.4～1.5；提升过程水灰比为1。

12. 浆液配制

浆液不能发生离析，水泥浆液严格按预定配合比制作，用比重计或其他检测手法量测控制浆液的质量。为防止浆液离析，放浆前必须搅拌30s再倒入存浆桶；浆液性能试验的内容为：比重、黏度、稳定性、初凝、终凝时间。凝固体的物理性能试验为：抗压、抗折强度。现场质检员对水泥浆液进行比重检验，监督浆液质量存放时间，水泥浆液随配随用，搅拌机和料斗中的水泥浆液应不断搅动。施工水泥浆液严格过滤，在灰浆搅拌机与集料斗之间设置过滤网。

13. 特殊情况处理

供浆必须连续。一旦中断，将铣削头掘进至停供点以下0.5m（因铣削能力远大于成墙体的强度），待恢复供浆时再提升1～2m复搅成墙。当因故停机超过30min，对泵体和输浆管路妥善清洗。遇地下构筑物时，采取高喷灌浆对构筑物周边及上下地层进行封闭处理。

14. 施工记录与要求

及时填写现场施工记录，每掘进1幅位记录一次在该时刻的浆液比重、下沉时间、供浆量、供气压力、垂直度及桩位偏差。

15. 出泥量的管理

当提升铣削刀具离基面时,将置存于储留沟中的水泥土混合物导回,以补充填墙料之不足。多余混合物待干硬后外运至指定地点堆放。

第三节　砂砾石地基处理

一、沙砾石地基灌浆

(一) 灌浆材料

多用水泥黏土浆液。一般水泥和黏土的比例为 1∶1～1∶4,水和干料的比例为 1∶1～1∶6。

(二) 钻灌方法

沙砾石地基的钻孔灌浆方法有:(1)打管灌浆;(2)套管灌浆;(3)循环钻灌;(4)预埋花管灌浆等。

1. 打管灌浆

打管灌浆就是将带有灌浆花管的厚壁无缝钢管,直接打入受灌地层中,并利用它进行灌浆。其程序是:先将钢管打入到设计深度,再用压力水将管内冲洗干净,然后用灌浆泵灌浆,或利用浆液自重进行自流灌浆。灌完一段以后,将钢管起拔一个灌浆段高度,再进行冲洗和灌浆,如此自下而上,拔一段灌一段,直到结束。

这种方法设备简单,操作方便,适用于砂砾石层较浅、结构松散、颗粒不大、容易打管和起拔的场合。用这种方法所灌成的帷幕,防渗性能较差,多用于临时性工程(如围堰)。

2. 套管灌浆

套管灌浆的施工程序是一边钻孔,一边跟着下护壁套管。或者,一边打设护壁套管,一边冲掏管内的沙砾石,直到套管下到设计深度。然后将钻孔冲洗干净,下入灌浆管,起拔套管到第一灌浆段顶部，安好止浆塞，对第一段进行灌浆。如此自下而上，逐段提升灌浆管和套管，逐段灌浆，直到结束。

采用这种方法灌浆，由于有套管护壁，不会产生第二段灌浆坍孔埋钻等事故。但是，在灌浆过程中，浆液容易沿着套管外壁向上流动，甚至产生地表冒浆。如果灌浆时间较长，则又会胶结套管，造成起拔的困难。

3. 循环钻灌

循环钻灌是一种自上而下，钻一段灌一段，钻孔与灌浆循环进行的施工方法。钻孔时用黏土浆或最稀一级水泥黏土浆固壁。钻孔长度，也就是灌浆段的长度，视孔壁稳定和砂砾石层渗漏程度而定，容易坍孔和渗漏严重的地层，分段短一些，反之则长一些，一般为1~2m。灌浆时可利用钻杆作灌浆管。

用这种方法灌浆，做好孔口封闭，是防止地面抬动和地表冒浆提高灌浆质量的有效措施。

4. 预埋花管灌浆

用预埋花管法灌浆，由于有填料阻止浆液沿孔壁和管壁上升，很少发生冒浆、串浆现象，灌浆压力可相对提高，灌浆比较机动，可以重复灌浆，对灌浆质量较有保证。

二、水泥土搅拌桩

近几年，在处理淤泥、淤泥质土、粉土、粉质黏土等软弱地基时，经常采用深层搅拌桩进行复合地基加固处理。深层搅拌是利用水泥类浆液与原土通过叶片强制搅拌形成墙体的技术。

（一）技术特点

多头小直径深层搅拌桩机的问世，使防渗墙的施工厚度变为8~45cm，在江苏、湖北、江西、山东、福建等省广泛应用并已取得很好的社会效益。该技术使各幅钻孔搭接形成墙体，使排柱式水泥土地下墙的连续性、均匀性都有大幅度的提高。从现场检测结果看：墙体搭接均匀、连续整齐、美观、墙体垂直偏差小，满足搭接要求。该工法适用于黏土、粉质黏土、淤泥质土以及密实度中等以下的砂层，且施工进度和质量不受地下水位的影响。从浆液搅拌混合后形成"复合土"的物理性质分析，这种复合土属于"柔性"物质，从防渗墙的开挖过程中还可以看到，防渗墙与原地基土无明显的分界面，即"复合土"与周边土胶结良好。因而，目前防洪堤的垂直防渗处理，在墙身不大于18m的条件下优先选用深层搅拌桩水泥土防渗墙。

（二）防渗性能

防渗墙的功能是截渗或增加渗径，防止堤身和堤基的渗透破坏。影响水泥搅拌桩渗透性的因素主要有流体本身的性质、水泥搅拌土的密度、封闭气泡和孔隙的大小及分布。因此，从施工工艺上看，防渗墙的完整性和连续性是关键，当墙厚不小于20cm时，成墙28d后渗透系数$K < 10^{-6}$cm/s，抗压强度$R > 0.5$MPa。

（三）复合地基

当水泥土搅拌桩用来加固地基，形成复合地基用以提高地基承载力时，应符合以下规定：

第一，竖向承载搅拌桩的长度应根据上部结构对承载力和变形的要求确定，并应穿透软弱土层到达承载力相对较高的土层；设置的搅拌桩同时为提高抗滑稳定性时，其桩长应超过危险滑弧2.0m以上。干法的加固深度不宜大于15m；湿法及型钢水泥土搅拌墙（桩）的加固深度应考虑机械性能的限制。单头、双头加固深度不宜大于20m，多头及型钢水泥土搅拌墙（桩）的深度不宜超过35m。

第二，竖向承载力水泥土搅拌桩复合地基的承载力特征值应通过现场单桩或多桩复合地基荷载试验确定。

第三，竖向承载搅拌桩复合地基中的桩长超过10m时，可采用变掺量设计。在全桩水泥总掺量不变的前提下，桩身上部1/3桩长范围内可适当增加水泥掺量及搅拌次数；桩身下部1/3桩长范围内可适当减少水泥掺量。

第四，竖向承载搅拌桩的平面布置可根据上部结构特点及对地基承载力和变形的要求，采用柱状、壁状、格栅状或块状等加固形式。桩可只在刚性基础平面范围内布置，独立基础下的桩数不宜少于3根。柔性基础应通过验算在基础内、外布桩。柱状加固可采用正方形、等边三角形等布桩形式。

三、高压喷射灌浆

高压喷射灌浆将高压水射流技术应用于软弱地层的灌浆处理，成为一种新的地基处理方法——高压喷射灌浆法。它是利用钻机造孔，然后将带有特制合金喷嘴的灌浆管下到地层预定位置，以高压把浆液或水、气高速喷射到周围地层，对地层介质产生冲切、搅拌和挤压等作用，同时被浆液置换、充填和混合，待浆液凝固后，就在地层中形成一定形状的凝结体。20世纪70年代初我国铁路及冶金系统引进，目前已在水利系统广泛采用。该技术既可用于低水头土坝坝基防渗，也可用于松散地层的防渗堵漏、截潜流和临时性围堰等工程,还可进行混凝土防渗墙断裂以及漏洞、隐患的修补。

高压喷射灌浆是利用旋喷机具造成旋喷桩以提高地基的承载能力,也可以作联锁桩施工或定向喷射成连续墙用于防渗。可适用于砂土、黏性土、淤泥等地基的加固,对砂卵石(最大粒径小于20cm)的防渗也有较好的效果。

通过各孔凝结体的连接,形成板式或墙式的结构,不仅可以提高基础的承载力,而且成为一种有效的防渗体。由于高压喷射灌浆具有对地层条件适用性广、浆液可控性好、施工简单等优点,近年来在国内外都得到了广泛应用。

(一)技术特点

高压喷射灌浆防渗加固技术适用于软弱土层,包括第四纪冲积层、洪积层、残积层以及人工填土等。实践证明,对砂类土、黏性土、黄土和淤泥等土层,效果较好。对粒径过大和含量过多的砾卵石以及有大量纤维质的腐殖土地层,一般应通过现场试验确定施工方法,对含有粒径2~20cm的砂砾石地层,在强力的升扬置换作用下,仍可实现浆液包裹作用。

高压喷射灌浆不仅在黏性土层、砂层中可用,在砂砾卵石层中也可用。经过多年的研究和工程试验证明,只要控制措施和工艺参数选择得当,在各种松散地层均可采用,以烟台市夹河地下水库工程为例,采用高喷灌浆技术的半圆相向对喷和双排摆喷菱形结构的新的施工方案,成功地在夹河卵砾石层中构筑了地下水库截渗坝工程。

该技术可灌性、可控性好,接头连接可靠,平面布置灵活,适应地层广,深度较大,对施工场地要求不高等特点。

(二)高压喷射灌浆作用

高压喷射灌浆的浆液以水泥浆为主,其压力一般在10~30MPa,它对地层的作用和机理有如下几个方面:

1. 冲切掺搅作用

高压喷射流通过对原地层介质的冲击、切割和强烈扰动,使浆液扩散充填地层,并与土石颗粒掺混搅和,硬化后形成凝结体,从而改变原地层结构和组分,达到防渗加固的目的。

2. 升扬置换作用

随高压喷射流喷出的压缩空气,不仅对射流的能量有维持作用,而且造成孔内空气扬水的效果,使冲击切割下来的地层细颗粒和碎屑升扬至孔口,空余部分由浆液代替,起到了置换作用。

3. 挤压渗透作用

高压喷射流的强度随射流距离的增加而衰减，至末端虽不能冲切地层，但对地层仍能产生挤压作用；同时，喷射后的静压浆液对地层还产生渗透凝结层，有利于进一步提高抗渗性能。

4. 位移握裹作用

对于地层中的小块石，由于喷射能量大，以及升扬置换作用，浆液可填满块石四周空隙，并将其握裹；对大块石或块石集中区，如降低提升速度，提高喷射能量，可以使块石产生位移，浆液便深入到空（孔）隙中去。

总之，在高压喷射、挤压、余压渗透以及浆气升串的综合作用下，产生握裹凝结作用，从而形成连续和密实的凝结体。

（三）防渗性能

在高压喷射流的作用下切割土层，被切割下来的土体与浆液搅拌混合，进而固结，形成防渗板墙。不同地层及施工方式形成的防渗体结构体的渗透系数稍有差别，一般说来其渗透系数小于 10^{-7} cm/s。

（四）高压喷射凝结体

1. 凝结体的形式

凝结体的形式与高压喷射方式有关。常见有三种：（1）喷嘴喷射时，边旋转边垂直提升，简称旋喷，可形成圆柱形凝结体。（2）喷嘴的喷射方向固定，则称定喷，可形成板状凝结体。（3）喷嘴喷射时，边提升边摆动，简称摆喷，形成哑铃状或扇形凝结体。

为了保证高压喷射防渗板（墙）的连续性与完整性，必须使各单孔凝结体在其有效范围内相互可靠连接，这与设计的结构布置形式及孔距有很大关系。

2. 高压喷射灌浆的施工方法

目前，高压喷射灌浆的基本方法有单管法、二管法、三管法及多管法等几种，它们各有特点，应根据工程要求和地层条件选用。

（1）单管法

采用高压灌浆泵以大于 2.0MPa 的高压将浆液从喷嘴喷出，冲击、切割周围地层，并产生搅和、充填作用，硬化后形成凝结体。该方法施工简易，但有效范围小。

(2)双管法

有两个管道,分别将浆液和压缩空气直接射入地层,浆压达 45~50MPa,气压 1~1.5MPa。由于射浆具有足够的射流强度和比能,易于将地层加压密实。这种方法工效高,效果好,尤其适合处理地下水丰富、大粒径块石及孔隙率大的地层。

(3)三管法

用水管、气管和浆管组成喷射杆,水、气的喷嘴在上,浆液的喷嘴在下。随着喷射杆的旋转和提升,先有高压水和气的射流冲击扰动地层,再以低压注入浓浆进行掺混搅拌。常用参数为:水压 38~40MPa,气压 0.6~0.8MPa,浆压 0.3~0.5MPa。

如果将浆液也改为高压(浆压达 20~30MPa)喷射,浆液可对地层进行二次切割、充填,其作用范围就更大。这种方法称为新三管法。

(4)多管法

其喷管包含输送水、气、浆管、泥浆排出管和探头导向管。采用超高压水射流(40MPa)切削地层,所形成的泥浆由管道排出,用探头测出地层中形成的空间,最后由浆液、砂浆、砾石等置换充填。多管法可在地层中形成直径较大的柱状凝结体。

(五)施工程序与工艺

高压喷射灌浆的施工程序主要有造孔、下喷射管、喷射提升(旋转或摆动)、最后成桩或墙。

1. 造孔

在软弱透水的地层进行造孔,应采用泥浆固壁或跟管(套管法)的方法确保成孔。造孔机具有回转式钻机、冲击式钻机等。目前用得较多的是立轴式液压回转钻机。为保证钻孔质量,孔位偏差应不大于 1~2cm,孔斜率小于 1%。

2. 下喷射管

用泥浆固壁的钻孔,可以将喷射管直接下入孔内,直到孔底。用跟管钻进的孔,可在拔管前向套管内注入密度大的塑性泥浆,边拔边注,并保持液面与孔口齐平,直至套管拔出,再将喷射管下到孔底。将喷嘴对准设计的喷射方向,不偏斜,是确保喷射灌浆成墙的关键。

3. 喷射灌浆

根据设计的喷射方法与技术要求,将水、气、浆送入喷射管,喷射 1~3min 待注入的浆液冒出后,按预定的速度自上而下边喷射边转动、摆动,逐渐提升到设计高度。进行高压喷射灌浆的设备由造孔、供水、供气、供浆和喷灌等五大系统组成。

4. 施工要点

第一，管路、旋转活接头和喷嘴必须拧紧，达到安全密封；高压水泥浆液、高压水和压缩空气各管路系统均应不堵不漏不串。设备系统安装后，必须经过运行试验，试验压力达到工作压力的 1.5～2.0 倍。

第二，旋喷管进入预定深度后，应先进行试喷，待达到预定压力、流量后，再提升旋喷。中途发生故障，应立即停止提升和旋喷，以防止桩体中断。同时进行检查，排除故障。若发现浆液喷射不足，影响桩体质量时，应进行复喷。施工中应做好详细记录。旋喷水泥浆应严格过滤，防止水泥结块和杂物堵塞喷嘴及管路。

第三，旋喷结束后要进行压力注浆，以补填桩柱凝结收缩后产生的顶部空穴。每次施工完毕后，必须立即用清水冲洗旋喷机具和管路，检查磨损情况，如有损坏零部件应及时更换。

（六）旋喷桩的质量检查

旋喷桩的质量检查通常采取钻孔取样、贯入试验、荷载试验或开挖检查等方法。对于防渗的联锁桩、定喷桩，应进行渗透试验。

第四节　灌注桩工程

灌注桩是先用机械或人工成孔，然后再下钢筋笼后灌注混凝土形成的基桩。其主要作用是提高地基承载力、侧向支撑等。

根据其承载性状可分为摩擦型桩、端承摩擦桩、端承型桩及摩擦端承桩；根据其使用功能分为竖向抗压桩、竖向抗拔桩、水平受荷桩、复合受荷桩；根据其成孔形式主要分为冲击成孔灌注桩、冲抓成孔灌注桩、回转钻成孔灌注桩、潜水钻成孔灌注桩和人工挖扩成孔灌注桩等。

一、灌注桩的适应地层

1. 冲击成孔灌注桩

适用于黄土、黏性土或粉质黏土和人工杂填土层中应用，特别适合于有孤石的沙砾石层、漂石层、坚硬土层、岩层中使用，对流砂层亦可克服，但对淤泥及淤泥质土，则应慎重使用。

2. 冲抓成孔灌注桩

适用于一般较松软黏土、粉质黏土、沙土、沙砾层以及软质岩层应用。

3. 回转钻成孔灌注桩

适用于地下水位较高的软、硬土层，如淤泥、黏性土、沙土、软质岩层。

4. 潜水钻成孔灌注桩

适用于地下水位较高的软、硬土层，如淤泥、淤泥质土、黏土、粉质黏土、沙土、砂夹卵石及风化页岩层中使用，不得用于漂石。

5. 人工扩挖成孔灌注桩

适用于地下水位较低的软、硬土层，如淤泥、淤泥质土、黏土、粉质黏土、沙土、砂夹卵石及风化页岩层中使用。

二、桩型的选择

桩型与工艺选择应根据建筑结构类型、荷载性质、桩的使用功能、穿越土层、桩端持力层土类、地下水位、施工设备、施工环境、施工经验、制桩材料供应条件等，选择经济合理、安全适用的桩型和成桩工艺。排列基桩时，宜使桩群承载力合力点与长期荷载重心重合，并使桩基受水平力和力矩较大方向有较大的截面模量。

三、设计原则

桩基采用以概率理论为基础的极限状态设计法，以可靠指标度量桩基的可靠度，采用以分项系数表达的极限状态设计表达式进行计算。按两类极限状态进行设计：承载能力极限状态和正常使用极限状态。

（一）设计等级

根据建筑规模、功能特征、对差异变形的适应性、场地地基和建筑物体型的复杂性以及由于桩基问题可能造成建筑破坏或影响正常使用的程度，应将桩基设计分为三个设计等级。

第一，甲级：重要的建筑；30层以上或高度超过100m的高层建筑；体型复杂且层数相差超过10层的高低层（含纯地下室）连体建筑；20层以上框架——核心筒结构及其他对差异沉降有特殊要求的建筑；场地和地基条件复杂的 7 层以上的一般建筑及坡地、岸边建筑；对相邻既有工程影响较大的建筑。

第二，乙级：除甲级、丙级以外的建筑。

第三，丙级：场地和地基条件简单、荷载分布均匀的 7 层及 7 层以下的一般建筑。

（二）桩基承载能力计算

应根据桩基的使用功能和受力特征分别进行桩基的竖向承载力计算和水平承载力计算；应对桩身和承台结构承载力进行计算；对于桩侧土不排水抗剪强度小于 10kPa、且长径比大于 50 的桩应进行桩身压屈验算；对于混凝土预制桩应按吊装、运输和锤击作用进行桩身承载力验算；对于钢管桩应进行局部压屈验算；当桩端平面以下存在软弱下卧层时，应进行软弱下卧层承载力验算；对位于坡地、岸边的桩基应进行整体稳定性验算；对于抗浮、抗拔桩基，应进行基桩和群桩的抗拔承载力计算；对于抗震设防区的桩基应进行抗震承载力验算。

（三）桩基沉降计算

设计等级为甲级的非嵌岩桩和非深厚坚硬持力层的建筑桩基；设计等级为乙级的体型复杂、荷载分布显得不均匀或桩端平面以下存在软弱土层的建筑桩基；软土地基多层建筑减沉复合疏桩基础。

四、施工前的准备工作

（一）施工现场

施工前应根据施工地点的水文、工程地质条件及机具、设备、动力、材料、运输等情况，布置施工现场。

第一，场地为旱地时，应平整场地、清除杂物、换除软土、夯打密实。钻机底座应布置在坚实的填土上。

第二，场地为陡坡时，可用木排架或枕木搭设工作平台。平台应牢固可靠，保证施工顺利进行。

第三，场地为浅水时，可采用筑岛法，岛顶平面应高出水面 1~2m。

第四，场地为深水时，根据水深、流速、水位涨落、水底地层等情况，采用固定式平台或浮动式钻探船。

（二）灌注桩的试验（试桩）

灌注桩正式施工前，应先打试桩。试验内容包括：荷载试验和工艺试验。

1. 试验目的

选择合理的施工方法、施工工艺和机具设备；验证明桩的设计参数，如桩径和桩长等；鉴定或确定桩的承载能力和成桩质量能否满足设计要求。

2. 试桩施工方法

试桩所用的设备与方法，应与实际成孔成桩所用者相同；一般可用基桩做试验或选择有代表性的地层或预计钻进困难的地层进行成孔、成桩等工序的试验、着重查明地质情况，判定成孔、成桩工艺方法是否适宜；试桩的材料与截面、长度必须与设计相同。

3. 试桩数目

工艺性试桩的数目根据施工具体情况决定；力学性试桩的数目，一般不少于实际基桩总数的 3%，且不少于 2 根。

4. 荷载试验

灌注桩的荷载试验，一般应作垂直静载试验和水平静载试验。

垂直静载试验的目的是测定桩的垂直极限承载力，测定各土层的桩侧极摩擦阻力和桩底反力，并查明桩的沉降情况。试验加载装置，一般采用油压千斤顶。千斤顶的加载反力装置可根据现场实际条件而定。一般均采用锚桩横梁反力装置。加载与沉降的测量与试验资料整理，可参照有关规定。

水平静载试验的目的是确定桩的允许水平荷载作用下的桩头变位（水平位移和转角），一般只有在设计要求时才进行。

（三）编制施工流程图

为确保钻孔灌注桩施工质量，使施工按规定程序有序地进行作业，应编制钻孔灌注桩施工流程图。

（四）测量放样

根据建设单位提供的测量基线和水准点，由专业测量人员制作施工平面控制网。采用极坐标法对每根桩孔进行放样。为保证放样准确无误，对每根桩必须进行三次定位，即第一次定位挖、埋设护筒；第二次校正护筒；第三次在护筒上用十字交叉法定出桩位。

（五）埋设护筒

埋设护筒应准确稳定。护筒内径一般应比钻头直径稍大；用冲击或冲抓方法时，大约20cm，用回转法者，大约10cm。护筒一般有木质、钢质与钢筋混凝土三种材质。

护筒周围用黏土回填并夯实。当地基回填土松散、孔口易坍塌时，应扩大护筒坑的挖埋直径或在护筒周围填砂浆混凝土。护筒埋设深度一般为1~1.5m；对于坍塌较深的桩孔，应增加护筒埋设深度。

（六）制备泥浆

制浆用黏土的质量要求、泥浆搅拌和泥浆性能指标等，均应符合有关规定。泥浆主要性能指标：比重1.1~1.15，黏度10~25s，含砂率小于6%，胶体率大于95%，失水量小于30mL/min，pH值7~9。

泥浆的循环系统主要包括：制浆池、泥浆池、沉淀池和循环槽等。开动钻机较多时，一般采用集中制浆与供浆。用抽浆泵通过主浆管和软管向各孔桩供浆。

泥浆的排浆系统由主排浆沟、支排浆沟和泥浆沉淀池组成。沉淀池内的泥浆采用泥浆净化机净化后，由泥浆泵抽回泥浆池，以便再次利用。

废弃的泥浆与渣应按环境保护的有关规定进行处理。

五、钢筋笼制作与安装

（一）一般要求

第一，钢筋的种类、钢号、直径应符合设计要求。钢筋的材质应进行物理力学性能或化学成分的分析试验。

第二，制作前应除锈、调直（螺旋筋除外）。主筋应尽量用整根钢筋。焊接的钢材，应作可焊性和焊接质量的试验。

第三，当钢筋笼全长超过10m时，宜分段制作。分段后的主筋接头应互相错开，同一截面内的接头数目不多于主筋总根数的50%，两个接头的间距应大于50cm。接头可采用搭接、绑条或坡口焊接。加强筋与主筋间采用点焊连接，箍筋与主筋间采用绑扎方法。

（二）钢筋笼的制作

制作钢筋笼的设备与工具有：电焊机、钢筋切割机、钢筋圈制作台和钢筋笼成型支架等。钢筋笼的制作程序如下：

（1）根据设计，确定箍筋用料长度。将钢筋成批切割好备用。（2）钢筋笼主筋保护层厚度一般为6~8cm。绑扎或焊接钢筋混凝土预制块，焊接环筋。环的直径不小于10mm，焊在主筋外侧。（3）制作好的钢筋笼在平整的地面上放置，应防止变形。（4）按图纸尺寸和焊接质量要求检查钢筋笼（内径应比导管接头外径大100mm以上）。不合格者不得使用。

（三）钢筋笼的安装

钢筋笼安装用大型吊车起吊，对准桩孔中心放入孔内。如桩孔较深，钢筋笼应分段加工，在孔口处进行对接。采用单面焊缝焊接，焊缝应饱满，不得咬边夹渣。焊缝长度不小于10人为了保证钢筋笼的垂直度，钢筋笼在孔口按桩位中心定位，使其悬吊在孔内。

下放钢筋笼应防止碰撞孔壁。如下放受阻，应查明原因，不得强行下插。一般采用正反旋转，缓慢逐步下放。安装完毕后，经有关人员对钢筋笼的位置、垂直度、焊缝质量、箍筋点焊质量等全面进行检查验收，合格后才能下导管灌注混凝土。

六、混凝土的配置与灌注

（一）一般规定

抗压强度达到相应标号的标准强度。凝结密实，胶结良好，不得有蜂窝、空洞、裂缝、稀释、夹层和夹泥渣等不良现象。水泥砂浆与钢筋黏结良好，不得有脱黏露筋现象。有特殊要求的混凝土或钢筋混凝土的其他性能指标，应达到设计要求。

（二）水下混凝土灌注

灌注混凝土要严格按照有关规定进行施工。混凝土灌注分为干孔灌注和水下灌注，一般均采用导管灌注法。

混凝土灌注是钻孔灌注桩的重要工序，应予特别注意。钻孔应经过质量检验合格后，才能进行灌注工作。

1. 灌注导管

灌注导管用钢管制作，导管壁厚不宜小于3mm，直径宜为200~300mm，每节导管长度，导管下部第一根为4 000~6 000mm，导管中部为1 000~2 000mm，导管上部为 300～500mm。密封形式采用橡胶圈或橡胶皮垫。适用桩径为 600～1 500mm。

2. 导管顶部应安装漏斗和贮料斗

漏斗安装高度应适应操作为宜，在灌注到最后阶段时，能满足对导管内混凝土柱高度的需要，以保证上部桩身的灌注质量。混凝土柱的高度，一般在桩底低于桩孔中水面时，应比水面至少高出2m。漏斗与贮料斗应有足够的容量来贮存混凝土，以保证首批灌入的混凝土量能达到 1～1.2m 的埋管高度。

3. 灌注顺序

灌注前，应再次测定孔底沉渣厚度。如厚度超过规定，应再次进行清孔。当下导管时，导管底部与孔底的距离以能放出隔水碱和混凝土为原则，一般为 30～50cm。桩径小于 6 010mm 时，可适当加大导管底部至孔底距离。

第一，首批混凝土连续不断地灌注后，应有专人测量孔内混凝土面深度，并计算导管埋置深度，一般控制在 2～6m，不得小于1m 或大于6m。严禁导管提出混凝土面。应及时填写水下混凝土灌注记录。如发现导管内大量进水，应立即停止灌注，查明原因，处理后再灌注。

第二，水下灌注必须连续进行，严禁中途停灌。灌注中，应注意观察管内混凝土下降和孔内水位变化情况，及时测量管内混凝土面上升高度和分段计算充盈系数（充盈系数应在 1.1～1.2），不得小于1。

第三，导管提升时，不得挂住钢筋笼，可设置防护三角形加筋板或设置锥形法兰护罩。

第四，灌注将结束时，由于导管内混凝土柱高度减小，超压力降低，而导管外的泥浆及所含渣土稠度增加，比重增大。出现混凝土顶升困难时，可以小于300mm的幅度上下串动导管，但不允许横向摆动，确保灌注顺利进行。

第五，终灌时，考虑到泥浆层的影响，实灌桩顶混凝土面应高于设计桩顶0.5m以上。

第六，施工过程中，要协调混凝土配制、运输和灌注各道工序的合理配合，保证灌注连续作业和灌注质量。

七、灌注桩质量控制

混凝土灌注桩是一种深入地下的隐蔽工程，其质量不能直接进行外观检查。如果在上部工程完成后发现桩的质量问题，要采取必要的补救措施以消除隐患是非常困难的。所以在施工的全过程中，必须采取有效的质量控制措施，以确保灌注桩质量完全满足设计要求。灌注桩质量包括桩位、桩径、桩斜、桩长、桩底沉渣厚度、桩顶浮渣厚度、桩的结构、混凝土强度、钢筋笼，以及有否断桩夹泥、蜂窝、空洞、裂缝等内容。

（一）桩位控制

施工现场泥泞较多，桩位定好后，无法长期保存，护筒埋设以后尚需校对。为确保桩位质量，可采取精密测量方法，即用经纬仪定向，钢皮尺测距的办法定位。护筒埋设时，再次进行复测。采用焊制的坐标架校正护筒中心同桩位中心，保持一致。

（二）桩斜控制

埋设护筒采用护筒内径上下两端十字交叉法定心，通过两中心点，能确保护筒垂直。钻机就位后，钻杆中心悬垂线通过护筒上下两中心点，开孔定位即能确保准确、垂直。回转钻进时要匀速给进。当土层变硬时应轻压、慢给进、高转速；钻具跳动时，应轻压、低转速。必要时，采用加重块配合减压钻进。遇较大块石，可用冲抓锥处理。冲抓时提吊钢绳不能过度放松。及时测定孔斜，保证孔率小于1%。发现孔斜过大，立即采取纠斜措施。

（三）桩径控制

根据地层情况，合理选择钻头直径，对桩径控制有重要作用。在黏性土层中钻进，钻孔直径应比钻头直径大5cm左右。随着土层中含砂量的增加，孔径可比钻头直径大10cm。在砂层、砂卵石等松散地层，为防止坍塌掉块而造成超径现象，应合理使用泥浆。

（四）桩长控制

施工中对护筒口高程与各项设计高程都要搞清，正确进行换算。土层中钻进，锥形钻头的起始点要准确无误，根据不同土质情况进行调整。机具长度丈量要准确。冲击钻进或冲击反循环钻进要正确丈量钢绳长度，并考虑负重后的伸长值，发现错误应及时更正。

（五）桩底沉渣控制

土层、砂层或砂卵石层钻进，一般用泥浆换浆方法清孔。应合理选择泥浆性能指标，换浆时，返出钻孔的泥浆比重应小于1.25，才能保持孔底清洁无沉渣。清孔确有困难时，孔底残留沉渣厚度，应按合同文件规定执行，防止沉渣过多而影响桩长和灌注混凝土质量。

（六）桩顶控制

灌注的混凝土，通过导管从钻孔底部排出，把孔底的沉渣冲起并填补其空间，随着灌注的继续，混凝土柱不断升高，由于沉渣比重经混凝土小，始终浮在最上面，形成桩顶浮渣。浮渣的密实性较差，与混凝土有明显区别。当混凝土灌注至最后一斗时，应准确探明浮渣厚度。计算调整末斗混凝土容量。灌注完以后再复查桩顶高度，达到设计要求时将导管拆除，否则应补料。

（七）混凝土强度控制

根据设计配合比，进行混凝土试配，快速保养检测。对混凝土配合比设计进行必要的调整。严格按规范把好水泥、砂、石的质量关。有质量保证书的也要进行核对。

灌注过程中，经常观察分析混凝土配合比，及时测试坍落度。为节约水泥可加入适量的添加剂，减少加水量，提高混凝土强度。

严格按规定作试块，应在拌合机出料口取样，保证取样质量。

（八）桩身结构控制

制作钢筋笼不能超过规范允许的误差，包括主筋的搭接方式、长度。定心块是控制保护层厚度的主要措施，不能省略。钢筋笼的全部数据都应按隐蔽工程进行验收、记录。钢筋笼底应制成锥形，底面用环筋封端，以便顺利下放。起吊部位可增焊环筋，提高强度。起吊钢绳应放长。以减少两绳夹角，防止钢盘笼起吊进变形。确保导管密封良好，灌注时串动导管进提高不能过多，防止夹泥、断桩等质量事故发生。如发生这些事故，应将导管全部提出，处理好以后再下入孔内。

（九）原材料控制

对每批进场的钢筋应严格检查其材质证明文件，抽样复核钢筋的机械性能，各项性能指标均符合设计要求才能使用。认真检查每批进场的水泥标号、出厂日期和出厂实验报告。使用前，对出厂水泥、砂、石的性能进行复核，并作水下混凝土试验。严禁使用不合格或过期硬化水泥。

八、工程质量检查验收

工程施工结束后，应按相关验收规范的有关规定，对桩基工程验收应提交的图纸、资料进行绘制、整理、汇总及施工质量的自检评价工作。同时会同建设、设计和监理单位，根据现场施工情况、施工记录与混凝土试块抗压强度报告表，选定适量的单桩若干根，委托建筑工程质量检测中心进行单桩垂直静载试验检查和桩基动测试验检查，评价桩的承载力和混凝土强度是否满足设计要求。

第七章 混凝土坝工程施工技术

第一节 施工组织计划

一、施工道路布置

混凝土水平运输采用自卸汽车运输，结合工程地形及各部位混凝土施工的具体情况，本工程混凝土水平运输路线主要有以下两条：

第一种：右岸下游混凝土拌和系统—下游道路—基坑，运距600m，该道路自基坑混凝土填筑施工时开始填筑，填筑至高程1285m，完成高程1285m以下混凝土浇筑后，清除该道路后进行护坦、护坡及消力池施工。

第二种：右岸下游混凝土拌和系统—右岸上坝公路，运距约600~1000m，顺延高程逐渐增大方向边填筑边修路，完成1285~1319.20m高程填筑任务，本道路为本主体工程混凝土施工主干道。

二、负压溜槽布置

结合工程地形情况，大坝混凝土垂直入仓方式采用负压溜槽（Φ500）。考虑到混凝土拌和系统布置在左岸，故将负压溜槽布置在左坝肩1319.20拱端上游侧。混凝土运输距离近，且不受汛期下游河道涨水道路中断影响。负压溜槽主要担负1311~1319.20m高程碾压混凝土施工。

三、施工用水

大坝混凝土施工用水：根据现场条件，在右岸布置1座200m³水池，水池为钢筋混凝土结构，布设Φ100mm钢管作为以保证大坝混凝土浇筑、灌浆、通水冷却施工等用水。水源主要以上游围堰通过机械抽水引至右岸200m³高位水池为主，右岸上下游冲沟Φ40mm管2根山泉自流水引至高位水池为辅。

砂石生产系统和混凝土拌和系统用水：从右岸200m³高位水池通过Φ80mm引至拌和站、Φ40砂石系统等施工用水。

生活区用水：在大坝右岸坝肩平台上方，建造一个容量为45m³的钢筋混凝土水池作为生活水池，同时也作为大坝施工用水备用水池。

四、施工用电

由业主提供的生活营地下右侧山包1312m高程平台低压配电柜下口接线端，搭接电缆至大坝施工部位，拌和系统部位以保证大坝混凝土浇筑等施工用电需求。

砂石生产系统用电：采用砂石生产系统山体侧取380V电源，供砂石生产系统半成品和成品加工用电、生活用水等。

生活区用电：采用大坝右岸生活营地上方山包1312m高程平台配电所所取380V电源，供生活用电。

五、施工程序

混凝土总体施工程序如下：
施工准备—坝基垫层混凝土浇筑—大坝坝体混凝土浇筑—溢流坝段闸墩及溢流面混凝土浇筑—消力池混凝土浇筑—门槽埋件及二期混凝土浇筑—坝顶混凝土浇筑—尾工清理—竣工验收。

六、主要施工工艺流程

主要施工工艺流程如下：
施工准备—混凝土配制—混凝土运输—混凝土卸料—摊平—浇捣及碾压—切缝—养护—进入下个循环。

七、施工准备

(一) 混凝土原材料和配合比

将原材料质量进行检测,如下:

1. 水泥

水泥品种按各建筑物部位施工图纸的要求,配置混凝土所需的水泥品种,各种水泥均应符合本技术条款指定的国家和行业的现行标准以及本工程的特殊要求。在每批水泥出厂前,实验室均应对制造厂水泥的品质进行检查复验,每批水泥发货时均应附有出厂合格证和复检资料。

2. 混合材

碾压混凝土采用应优先采用Ⅰ级粉煤灰,经监理人指示在某些部位的混凝土中可掺适量准Ⅰ级粉煤灰。检测粉煤灰比重、细度、烧失量、三氧化硫含量、需水量比、强度比。混凝土浇筑前28d提出拟采用的粉煤灰的物理化学特性等各项试验资料,粉煤灰的运输和储存,应严禁与水泥等其他粉状材料混装,避免交叉污染,还应防止粉煤灰受潮。

3. 外加剂

碾压混凝土中一般掺入高效减水剂(夏季施工掺高效减水缓凝剂)和引气剂,其掺量按室内试验成果确定。对各品种高效减水(缓凝)剂、引气剂、早强剂进行检测择优,检测项目有减水率、泌水率比、含气量、凝结时间差、最优掺量和抗压强度比,选出1~2个品种进行混凝土试验。

4. 水

一般采用饮用水,如有必要依据用水标准进行包括pH酸碱度(不大于4)、不溶物、可溶物、氯化物、硫化物等在内的水质分析。

5. 超力丝聚丙烯纤维

按施工图纸所示的部位和监理人指示掺加超力丝聚丙烯纤维,其掺量应通过试验确定,并经监理人批准。

6. 砂石料

为砂石系统生产的人工砂石料,检测骨料的物理性能:比重、吸水率、超逊径、针片状、云母、压碎指标、各粒径的累计质量分数、砂细度模数、石粉含量等。

7. 氧化镁

现场掺用的氧化镁材料品质必须符合技术要求规定的控制指标，出厂前氧化镁活性指标检测必须满足均匀性要求。氧化镁原材料到达工地必须按照技术要求进行分批复检，合格方能验收。

检验合格的原材料入库后要做好防潮等工作，保证其不变质。

（二）碾压混凝土配合比设计

配合比参数试验：

第一，根据施工图纸及施工工艺确定各部位混凝土最大骨料粒径，以此测试粗骨料不同组合比例的容重、空隙率，选定最佳组合级配。

第二，外加剂与粉煤灰掺量选择试验：对于碾压混凝土为了增强可碾性，需掺一定量的粉煤灰，并联掺高效减水剂、引气剂，开展碾压各外掺物不能组合比例的混凝土试验，测试减水率、VC值、含气量、容重、泌水率、凝结时间，评定混凝土外观及和易性，成型抗压、劈拉试件。

第三，各级配最佳砂率、用水量关系试验：以二级配、0.50水灰比、用高效减水剂、引气剂与粉煤灰联掺，取至少3个砂率进行混凝土试验，评定工作性，测试VC值、含气量、泌水率，成型抗压试件。

第四，水灰比与强度试验：分别以二、三级配，在0.45465之间取四个水灰比，用高效减水剂、引气剂与粉煤灰联掺进行水灰比与强度曲线试验，成型抗压、劈拉试件。三级配混凝土还成型边长30cm试件的抗压强度，得出两组曲线之间的关系。

第五，待强度值出来后，分析参数试验成果，得出各参数条件下混凝土抗压强度与灰水比的回归关系，然后依据设计和规范技术要求选定各强度等级混凝土的配制强度，并求出各等级混凝土所对应的外掺物组合及水灰比。

第六，调整用水量与砂率，选定各部位混凝土施工配合比进行混凝土性能试验，进行抗压、劈拉、抗拉、抗渗、弹模、泊松比、徐变、干缩、线胀系数和热学性能等试验（徐变等部分性能试验送检测中心完成）。

第七，变态混凝土配合比设计，通过试验确定在加入不同水灰比的胶凝材料净浆时，浆液加入量和凝结时间、抗压强度关系。

根据试验得出的试验配合比结论，应在规定的时间内及时上报监理，业主单位审核，经批准后方可使用。

（三）提交的试验资料

在混凝土浇筑过程中，承包人应按规定和监理人的指示，在出机口和浇筑现场进行混凝土取样试验，并向监理人提交以下资料：

（1）选用材料及其产品质量证明书；（2）试件的配料；（3）试件的制作和养护说明；（4）试验成果及其说明；（5）不同水胶比与不同龄期的混凝土强度曲线及数据；（6）不同粉煤灰及其他掺合料掺量与强度关系曲线及数据；（7）各龄期混凝土的容重、抗压强度、抗拉强度、极限拉伸值、弹性模量、抗渗强度等级、抗冻强度等级、泊松比。（8）各强度等级混凝土坍落度和初凝、终凝时间等试验资料；（9）对基础混凝土或监理人指示的部位的混凝土，提出不同龄期的自生体积变形、徐变和干缩变形，并提出混凝土热学性能指标。

（四）砂浆、净浆配合比设计

碾压混凝土接缝砂浆、净浆（变态混凝土用），按以下原则设计配合比：

1. 接缝砂浆

接缝砂浆用的原材料与混凝土相同，控制流动度20cm～22cm，以此标准进行水灰比与强度、水灰比与砂灰比、不同粉煤灰掺量与抗压强度试验，测试砂浆凝结时间、含气量、泌水率、流动度，成型7d、28d、90d抗压试件。

2. 变态混凝土用净浆

选择3个水灰比测试不同煤灰掺量时净浆的黏度、容重、凝结时间，7d、28d、90d抗压试件。根据试验成果，微调配合比并复核，综合分析后将推荐施工配合比上报监理工程师审批。

八、主要施工措施

（一）混凝土分层、分块

混凝土分块按设计施工蓝图划分的坝块确定。

混凝土分层则根据大坝结构和坝体内建筑物的特点以及混凝土浇筑时段的温控要求，工期节点要求确定。碾压混凝土分层受温控条件，底部基础约束区浇筑块厚度控制3.0m范围以内，脱离基础约束区后浇筑层厚度控制在3.0m以内。局部位置根据建筑结构及现场实际情况进行适当调整，大坝碾压混凝土分块主要根据大坝结构、混凝土生产系统拌和强度、混凝土运输入仓强度及方式、坝体度汛要求等来进行划分的。

（二）模板工程

1. 模板选型与加工

根据大坝的结构特点，本标段大坝工程模板主要采用组合平面钢模板、木模板、多卡悬臂翻转模板、加工成型木制模板、散装钢模板等。基础部位以上的坝体上下游面主要采用定型组合多卡悬臂翻转模板，基础部位采用散装组合钢模板施工。坝体横缝面的模板采用预制混凝土模板。水平段基础灌浆、交通、排水廊道侧墙，采用组装钢模板，相交节点部分采用木制模板。廊道顶拱采用木制模板、散装钢模板组合等。

2. 模板施工

第一，模板支立前，必须按照结构物施工详图尺寸测量放样，并在已清理好的基岩上或已浇筑的混凝土面上设置控制点，严格按照结构物的尺寸进行模板支立。

第二，为了加快施工进度，采用吊车进行仓面模板支立。

第三，采用散装钢模板或异型模板立模时，要注意模板的支撑与固定，预先在基岩或仓面上设置锚环，拉条要平直且有足够强度，保证在浇筑过程中不走样变形。安装的模板与已浇筑的下层混凝土有足够的搭接长度，并连接紧密以免混凝土浇筑出现漏浆或错台。

第四，模板表面涂刷脱模剂，安装完毕后要检查模板之间有无缝隙，进行堵漏，保证混凝土浇筑时不漏浆，拆模后表面光滑平整。

第五，混凝土浇筑完后，及时清理附着在模板上的混凝土和砂浆，根据不同的部位，确定模板的拆除时间，拆除下来的模板及时清除表面残留砂浆，修补整形以备下次使用。

第六，模板质量检查控制主要为模板的结构尺寸、模板的制作和安装误差、模板的支撑固定设施、模板的平整度和光洁度、模板缝的大小等是否符合规范及设计要求，通过以上控制程序保证模板的施工符合要求。

（三）钢筋工程

1. 钢筋的采购与保管

依据施工用材计划编制原材料采购计划，报项目经理审批通过后实施采购。原材料按不同等级、牌号、规格及生产厂家分批验收，分类堆放、做好标识、妥善保管。

2. 材质的检验

（1）每批各种规格的钢筋应有产品质量证明书及出厂检验单。使用前，依据规定，以同一炉（批）号、同一截面尺寸的钢筋为一批，重量不大于60t，抽取试件作力学性能试验，并分批进行钢筋机械性能试验。（2）根据厂家提供的钢筋质量证明书，检查每批钢筋的外观质量，并测量本批钢筋的代表直径。（3）在每批钢筋中，选取经表面检查和尺寸测量合格的两根钢筋，各取一个拉力试件和一个冷弯试验（含屈服点、抗拉强度和延伸率试验）。如一组试验项目的一个试件不符合规定的数值时，则另取两倍数量的试件，对不合格的项目作第二次试验，如有一个试件不合格，则该批钢筋为不合格产品。需焊接的钢筋尚应作焊接工艺试验。（4）钢筋混凝土结构用的钢筋应符合热轧钢筋主要性能的要求，水工结构非预应力混凝土中，不得使用冷拉钢筋。

3. 钢筋的制作

钢筋的加工制作应在加工厂内完成。加工前，技术员认真阅读设计文件和施工详图，以每仓位为单元，编制钢筋放样加工单，经复核后转入制作工序，以放样单的规格、型号选取原材料。依据有关规范的规定进行加工制作，成品、半成品经质检员及时检查验收，合格品转入成品区，分类堆放、标识。

4. 钢筋的安装

钢筋出厂前，依据放样单逐项清点，确认无误后，以施工仓位安排分批提取，用半挂车运抵现场，由具备相应技能的操作人员现场安扎。

钢筋焊接和绑扎符合规定以及施工图纸要求执行。绑扎时根据设计图纸，测放出中线、高程等控制点，根据控制点，对照设计图纸，利用预埋锚筋，布设好钢筋网骨架。钢筋网骨架设置核对无误后，铺设分布钢筋。钢筋采用人工绑扎，绑扎时使用扎丝梅花形间隔扎结，钢筋结构和保护层调整好后垫设预制混凝土块，并用电焊加固骨架确保牢固。

钢筋接头连接采用手工电弧焊或直螺纹、冷挤压等机械连接方式。焊工必须持证上岗，并严格按操作规程运作。

对于结构复杂的部位，技术人员应事先编制详细的施工流程图，并亲临现场交底、指导安装。

5. 钢筋工程的验收

钢筋的验收实行"三检制"，检查后随仓位验收一道报监理工程师终验签证。当墙体较薄，梁、柱结构较小，应请监理先确认钢筋的施工质量合格后，方可转入模板工序。

钢筋接头的连接质量的检验，由监理工程师现场随机抽取试件，三个同规格的试件为一组，进行强度试验，如有一个试件达不到要求，则双倍数量抽取试件，进行复验。若仍有一个试件不能达到要求，则该批制品即为不合格品，不合格品，采取加固处理后，提交二次验收。

钢筋的绑扎应有足够的稳定性。在浇筑过程中，安排值班人员盯仓检查，发现问题及时处理。

(四) 预埋件埋设

1. 止水埋设

工程大坝共布置6条横缝,根据设计图纸,止水片在金属加工厂压制成型,现场进行安装焊接,安装前将止水片表面的油污、油漆、锈污及污皮等污物清除干净后,并将砂眼、钉孔补好、焊好,搭接时采用双面焊,不能铆接或穿孔或仅搭接而不焊等,焊接质量要符合规范要求。

根据图纸设计要求埋设塑料止水带(止水片),安装时固定在现浇筑块的模板上。

止水铜片的衔接按设计要求采取折迭咬接或搭接,搭接长度不小于20mm,采取双面焊,塑料止水带的搭接长度不小于10cm,铜片与塑料止水带接头采用铆接,其搭接长度不小于10cm。

所有止水安装完成后,经监理工程师验收合格后,方可进行下一道工序施工。

2. 止水基座混凝土浇筑

止水基座成型后,采用压力水冲洗干净,然后浇筑基座混凝土。浇筑混凝土前,采用钢管、角钢或固定模板将止水埋件固定在设计位置上,不得变形移位或损坏,每次埋设的止水均高于浇筑仓面20cm以上。混凝土浇筑时,止水片两侧回填细骨料混凝土,配专人进行人工振捣密实,以防止大粒径骨料堆积在止水片附近造成架空,基座混凝土采用小型振捣器振捣密实。

3. 冷却水管埋设

为削减大坝初期水化热温升及中后期坝体通水冷却到灌浆温度,坝体埋设外径Φ32mm、内径Φ28mm的高强度聚乙烯管作冷却水管,固定水管用的U型钢筋为直径12mm,二级钢筋、锚入混凝土深度不低于30cm。冷却水管水平中心间距1.5m,局部可以放宽至2.0m,垂直向层距为1.5m。埋设时要求水管距大坝上下游表面距离不少于70cm,距廊道内壁应不低于100cm,与密集钢筋网(如廊道钢筋网)距离应不低于90cm,距横缝(诱导缝)不少于75cm,通水单根水管长度不宜大于250m。坝内蛇形水管按接缝灌浆分区范围结合坝体通水计划就近引入下游坝面预留槽内。引入槽内的水管应排列有序,做好标记记录,注意引入槽内的立管布置不得过于集中,以免混凝土局部超冷,引入槽内的水管间距一般不大于1m,管口应朝下弯,管口长度不小于15cm,并对管口妥善保护,防止堵塞。所有立管均应引至下游坝面临时施工栈桥附近,但不宜过于集中,立管管间距不小于1.0m。

4. 接缝灌浆管埋设

接缝灌浆系统埋件包括止浆片、排气槽、排气管、进(回)浆管、进浆支管和出浆盒,灌浆管路敷设采用埋管法施工,按施工详图进行。为防止排气槽与排气管接头堵塞,排气管安装在加大的接头木块上;为防止进(回)浆管管路堵塞,除管口每次接高通水后加盖外,在进(回)浆管底部 50～80cm 以上设一水平连通支管。进(回)浆管管口位置布置在灌浆廊道内,标识后做好记录,并进行管口保护,以防堵塞。

5. 坝基固结灌浆管埋设

固结灌浆管埋设材料宜采用 Φ32 橡胶管,也可采用能够承受 1.5 倍的最大灌浆压力的 Φ32 钢丝编织胶管。埋入孔内的进浆管和回浆管分别采用三通接头与主进浆管和主回浆管连接引至坝后灌浆平台,固结灌浆孔口利用水泥砂浆敷设密实,防止坝体混凝土进入将孔内堵塞。

(五)横缝及结合层面施工

第一,本标段碾压混凝土横缝采用切缝机切割或设置隔板等方法形成,缝面位置及缝内填充材料应满足施工图纸和监理人指示的要求。

第二,并仓施工的横缝采取"先振后切"的方式进行,采用振动切缝机连续切缝,振动切缝机由电动振动夯扳机加装刀片改制而成,切缝刀片长 45cm,切缝深度 25cm,其重量约 70kg,切缝速度约为 22m/h。以振动的方法用刀板沿横缝切缝,缝宽 10～12mm,成缝后将分缝材料压入横缝内。

第三,成缝面积每层应不少于设计缝面的 60%,按施工图纸所示的材料填缝。

第四,对于采用立模浇筑成型的横缝,通过刮铲、修整等方法将其表面的混凝土或其他杂质清除。

(六)变态混凝土施工

变态混凝土是碾压混凝土铺筑施工中,在靠近模板、分缝细部结构、岸坡位置等 50cm 宽范围内铺洒水泥粉煤灰灰浆而形成的富浆碾压混凝土,采用常态混凝土的振捣方法捣固密实,其与碾压混凝土结合部位,增用振动碾压实其浇筑随碾压混凝土施工逐层进行。主要施工技术要点为:

第一,掺入变态混凝土中的水泥粉煤灰灰浆,由布置在左岸上游拌和系统内的集中式制浆站拌制,通过专用管道输送至仓面。为防止灰浆的沉淀,在供浆过程中要保持搅拌设备的连续运转。输送浆液的管道在进入仓面以前的适当位置设置放空阀门,以便排空管道内沉淀的浆液和清洗管道的废水。灰浆中水泥与粉煤灰的比例同碾压混凝土一致,外加剂的掺量减半,其水胶比与碾压混凝土相同或减小 0.02。

第二,在将靠近模板、分缝细部结构或岸坡部位的碾压混凝土条带摊铺和平仓到一定的范围后，即可以开始进行变态混凝土的施工作业。

模板等边角部位变态混凝土的施工采用人工加浆振捣形式。

先由人工在距模板边约25cm的位置开出深15cm、宽15~20cm沟槽或采用直径为12cm的简易人工造孔装置按孔距30cm、孔深20cm梅花形布置插孔，再以定量的方式把灰浆均匀洒到沟槽或插孔内，掺浆15分钟后振捣。变态混凝土中灰浆的加入量通常为该部分碾压混凝土体积的4%左右（施工时通过试验确定），以普通插入式振捣器易于捣固密实为准。

第三，振捣作业在水泥粉煤灰灰浆开始加水搅拌后的一小时内完成，并做到细致认真，使混凝土外光内实，严防漏、欠振现象发生。

第四，变态混凝土与碾压混凝土结合部位，严格按照规范要求进行专门的碾压，相邻区域混凝土碾压时与变态混凝土区域的搭接宽度大于20cm。

第五，止水埋设处的变态混凝土施工过程中，对该部位混凝土中的大骨料人工剔除，并谨慎振捣，避免产生渗流通道，同时注意保护止水材料。

（七）异种混凝土的施工

大坝河床部位基础面先浇筑常态混凝土垫层，间歇7~10天后再浇筑上层碾压混凝土。同一仓内的常态混凝土与碾压混凝土必须连续施工，相接部位的振捣密实或压实，必须在初凝前完成。异种混凝土相接部位浇筑顺序应优先考虑先常态后碾压，也可采取先碾压后常态，但在结合部位均应采用振动碾碾压3~5遍。

如果采取先碾压混凝土后常态混凝土，则在碾压完成后，铺筑略低于碾压混凝土面的常态混凝土，用高频插入式振捣器从模板边依次向相接部方向振捣，并插入下层混凝土3~5cm，在两种混凝土结合处必须认真振捣，确保两种混凝土融混密实。

如果采取先常态混凝土后碾压混凝土，则在常态混凝土浇筑完成后迅速铺筑略高于常态混凝土面的碾压混凝土10cm左右的细料。在碾压混凝土料铺好后随即碾压，碾压搭接长度以30~35cm为宜。

（八）碾压混凝土止水、排水系统施工

大坝横缝的止、排水系统采用了止水片和排水管的形式，上游止水系统布置了2道止水铜片和1道橡胶止水片，第一、二道止水铜片距上游坝面分别为100cm、175cm，第三道橡胶止水片距上游坝面分别为250cm。下游止水系统在585.0m高程以下布置1道止水铜片，止水铜片距下游坝面20cm。坝体横缝排水系统按设计要求进行埋设施工，施工过程中注意管道的保护，防止堵管（孔）。

混凝土浇筑前，在加工厂按设计要求尺寸将止水铜片加工成型，止水铜片及橡胶止水片由人工在现场按设计和规范要求用钢筋支撑或小型钢固定，铜片止水连接由人工用气焊现场焊接，橡胶止水采用硫化焊接，按设计位置将止水片接长固定后，分层安装沥青杉板，边上升边安装。碾压混凝土卸料时，在止水片附近保持一定距离卸料，用小型平仓机辅以人工将混凝土料在埋件附近摊平，并振捣密实。

坝体排水孔分为4种型式：钻孔成孔、拔管成孔、埋无砂管、埋MHY—200K塑料盲沟管。对于预埋排水孔，采用人工在现场按设计和规范要求用钢筋支撑或小型钢固定，边上升边安装。碾压混凝土卸料时，在止水片附近保持一定距离卸料，用小型平仓机辅以人工将混凝土料在埋件附近摊平，并振捣密实。施工中对无砂管及塑料盲沟管接头部分进行保护，防止混凝土进入造成堵塞。

（九）细部结构施工

工程碾压混凝土的细部结构施工，主要指永久横缝止水片、坝体排水管等施工。永久横缝止水片施工时控制自卸汽车在该部位附近的装载量及采用分次卸料法卸料，用平仓机慢速将混凝土料推至该部位，按变态混凝土的施工方法进行混凝土浇筑。

（十）施工过程中施工质量保障措施

大坝混凝土施工仓面由项目部负责全面管理，工程管理部和安全质量环保部派2~4名人员现场专人值班，每班值班人员1人，实行轮班制，负责现场施工质量控制工作。根据现场施工的实际情况，每班设总指挥一名，副指挥1~2名，并佩戴袖标。总指挥负责现场混凝土施工的全面安排、组织、指挥与协调，并对进度、质量、安全负责。总指挥遇到处理不了的问题时，及时向有关部门直至项目经理反映，并尽快解决。现场各施工环节，均设代班工长一名，并持指挥旗，负责该环节（或两种）设备、运行方式的指挥调度，如卸料指挥，具体负责仓内汽车等的运行及卸料位置指挥，平仓工长负责平仓机运行指挥等。质量、安全、试验现场值班人员也佩戴袖标上岗，对施工质量进行检查和检测，并按规定填写记录。

除现场总指挥外，其他人员都不在仓面直接指挥生产，各级领导和有关部门现场值班人员发现问题或做出的决定均通过总指挥实施。

所有参加混凝土施工的人员，严格遵守现场交接班制度，并按规定作好施工记录，因公临时离开岗位经总指挥批准，不允许在交班前因私离开岗位。

施工仓面上的所有设备、检测仪器和工具，在暂不操作时都停放在不影响施工或现场指挥指定的位置上，出入仓面人员的行走路线或停留位置都不得影响正常施工。

必须保持仓面的无杂物、无油污、干净整洁：（1）进入碾压混凝土施工仓面的人员要将鞋子上黏着的泥污洗干净，禁止向仓内抛投任何杂物（如烟头、纸屑等）；（2）施工设备利用交接班的短暂空隙时间开出仓外加油，如在仓内加油，采取措施防止污染仓面，由质检人员负责监督与检查。

要保证仓面同伴和系统及有关部门的通信联系畅通，并设专人联络。

（十一）大坝混凝土温控防裂施工技术措施

大坝混凝土施工过程中，混凝土的温度控制严格遵照招标技术文件执行。对混凝土原材料、配合比优化、拌和生产、运输、入仓浇筑、覆盖保温、通水冷却及洒水养护等全过程进行质量监控，合理安排混凝土施工浇筑顺序及施工时间，坝混凝土温控防裂施工技术措施主要体现在以下几方面：

1. 优化大坝混凝土配合比设计提高混凝土抗裂能力

大坝混凝土开始浇筑前，安排充分的时间进行大坝混凝土施工配合比优化设计。选用中热42.5Mpa水泥、粉煤灰和优质的高效缓凝减水剂，尽量多掺粉煤灰，减少混凝土水化热温升，提高混凝土抗裂能力，最大粉煤灰掺量达到30%。

2. 合理控制浇筑层厚度及层间间隔

大坝混凝土采用薄层短间歇均匀上升，河床坝段基础强约束区及度汛过渡的老混凝土浇筑分层厚度为1.5m，约束区以上浇筑层厚为3.0m，层间间隔时间控制在4~10天左右。

3. 混凝土拌制

在筛分楼净料堆场、集料斗的上方搭设遮阳棚，铺设四层遮阳材料防晒防止太阳光直接照射骨料升温，适当降低骨料拌和温度。同时拌和系统采取一定的制冷系统进行混凝土拌和等方法，确保夏季混凝土浇筑温度不超过设计规定要求。

4. 混凝土浇筑工艺

充分利用高温季节中有利的浇筑时段，抓住早、晚和夜间温度相对较低的时机，抢阴雨时段，合理组织安排仓位砼浇筑，加快砼入仓速度，减少砼中转次数，控制砼浇筑温度。一方面强调设备运行人员现场交接班制度，另一方面严格控制浇筑砼期间吃饭时间，保证仓内砼浇筑不停。

采用仓面洒水措施，一般在每仓面安装1~2根通水水管，由人工持通水水管对仓面洒水，可降低仓面的环境温度的目的，使浇筑范围的环境温度降低约2~31，必要时可采用75kw的GCHJ系统高压冲毛机喷雾降温。

轮水平运输车辆增设隔热遮阳棚，防止於运输过程冷量损失。砼运输车辆进入拌和楼前，冲洗大厢、降低大厢钢板温度，同时运输道路应经常保养，确保道路畅通。

仓面砼加盖弹性聚氨酯保温被，采用彩条雨布和1.5cm厚的聚氨酯泡沫板做成保温被，在砼浇筑过程中随浇筑随覆盖，表面砼强度达到2.5MPa后，取下保温被，进行下一层砼施工仓位准备。

5. 通水冷却及表面散热

初期通水冷却能有效削减混凝土水化热温升峰值，根据混凝土施工温控要求，高温季节浇筑大体积混凝土时，冷却水管增加通制冷水削减混凝土前期水化热温升，单回路流量不小于20~25L/min，通水历时15天左右，保证坝体混凝土最高温度在设计要求允许范围内。高温和较高温季节的混凝土浇筑完成后，人工对已浇筑混凝土进行不间断流水养护，保持仓面潮湿，使混凝土充分散热。

6. 加强混凝土表面保护

由于坝址气温骤降频繁，必须做好混凝土的表面保温工作，减少内外温差，降低混凝土表面温度梯度，避免出现混凝土表面裂缝。主要措施包括：气温骤降期间，适当推迟拆模，尤其防止在傍晚气温下降时拆模；当日平均气温在2~3天内连续下降超过6℃时，28d龄期的混凝土表面（顶、侧面）覆盖塑料被进行表面保温保护；入冬后，将廊道及其他孔洞进出口进行封堵保护，以防冷风贯通产生混凝土表面裂缝。

7. 表面保护及养护

（1）在碾压混凝土的施工过程中，保持仓面湿润，正在施工和刚碾压完毕的仓面，防止外来水的侵入。（2）水平层面未继续铺筑上层碾压混凝土时，在混凝土收仓12h混凝土终凝后开始洒水养护；遇气温较低（日平均气温小于3℃）时，停止碾压混凝土施工，已浇筑的混凝土仓面用保温被覆盖，并进行洒水养护，养护维持到上一层混凝土开始铺筑为止。（3）坝体上、下游面流水养护28d以上，低温季节及气温骤降时，拆模后迅速覆盖保温被，对龄期小于28天的混凝土也进行保温被覆。

第二节　碾压混凝土施工

一、原材料控制与管理

（1）碾压混凝土所使用原材料的品质必须符合国家标准和设计文件及本工法所规定的技术要求。（2）水泥品质除符合现行国家标准要求外，且必须具有低热、低脆性、无收缩的性能。（3）粉煤灰质量按Ⅱ级灰或准Ⅱ级灰要求进行控制。高温条件下施工时，为降低水化热及延长混凝土的初凝时间，粉煤灰掺量可适量增加，但总量应控制在65%以内。（4）砂石骨料绝大部分采用红河天然砂石骨料。开采砂、石的质量需满足规范要求，粗骨料逊径不大于5%，超径10%，RCC用砂细度模数必须控制在2.3±0.2，且细粉料要达到18%。不许有泥团混在骨料中。试验室负责对生产的骨料按规定的项目和频数进行检测。（5）外加剂质量按技术相应规范执行。为满足碾压混凝土层间结合时间的要求，必须根据温度变化的情况对混凝土外加剂品种及掺量进行适当调整，平均温度≤20℃时，采用普通型缓凝高效减水剂掺量，按基本掺量执行；温度高于30℃时，采用高温型缓凝高效减水剂掺量，掺量调整为0.7~0.8%。在施工大仓面时，若间隔时不能保证在砼初凝时间之内覆盖第二层时，宜采用在RCC表喷含有1%的缓凝剂水溶液，并在喷后立即覆上彩条布，以防轮被晒干，保证上下层砼的结合。外加剂配置必须按试验室签发的配料单配制外加剂溶液，要求计量准确、搅拌均匀，试验室负责检查和测试。（6）水：混凝土拌和、养护用水必须洁净、无污染。（7）凡用于主体工程的水泥、粉煤灰、外加剂、钢材均须按照合同及规范有关规定，作抽样复检，抽样项目及频数按抽样规定表执行。（8）混凝土公司应根据月施工计划制定水泥、粉煤灰、外加剂、氧化镁、钢材等材料物资计划，物资部门保障供应。（9）每一批水泥、粉煤灰、外加剂及钢筋进场时，物资部必须向生产厂家索取材料质保（检验）单，并交试验室，由物资部通知试验室及时取样检验。检验项目：水泥细度、安定性、标准稠度、抗压、抗折强度、粉煤灰。严禁不符合规范要求的材料入库。（10）仓库要加强对进场水泥、粉煤灰、外加剂等材料的保管工作，严禁回潮结块。袋装水泥贮藏期超过3个月、散装水泥超过6个月时，使用前进行试验，并根据试验结果来确定是否可以使用。（11）混凝土开盘前须检测砂、石料含水率、砂细度模数及含泥量，并对配合比作相应调整，即细度±0.2，砂率±1%。对原材料技术指标超过要求时，应及时通知有关部门立即纠正。（12）拌和车间对外加剂的配置和使用负责，严格按照试验室要求配置外加剂，使用时搅拌均匀，并定期校验计量器具，保证计量准确，混凝土外加剂浓度每天抽检一次。（13）试验室负责对各种原材料的性能和技术指标进行检验，并将各项检测结果汇入月报表中报送监理部门。所有减水剂、引气剂、膨账剂等外加剂需在保质期内使用，进场后按相应材料保质保存措施进行，严禁使用过期失效外加剂。

二、配合比的选定

（1）碾压混凝土、垫层混凝土、水泥砂浆、水泥浆的配合比和参数选择按审批后的配合比执行。（2）碾压混凝土配合比通过一个月施工统计分析后，如有需要，由工程处试验室提出配合比优化设计报告，报相关方审核批准后使用。

三、施工配料单的填写

（1）每仓混凝土浇筑前由工程部填写开仓证，注明浇筑日期、浇筑部位、混凝土强度等级、级配、方量等，交与现场试验室值班人员，由试验员签发混凝土配料单。（2）施工配料单由试验室根据混凝土开仓证和经审批的施工配合比制定、填写。（3）试验室对所签发的施工配料单负责，施工配料单必须经校核无误后使用，除试验室根据原材料变化按规范规定调整外，任何人无权擅自更改。（4）试验室在签发施工配料单之前，必须对所使用的原材料进行检查及抽样检验，掌握各种原材料质量情况。（5）试验室在配料单校核无误后，立即送交拌和楼，拌和楼应严格按施工配料单进行拌制混凝土，严禁无施工配料单情况下拌制混凝土。

四、碾压混凝土施工前检查与验收

（一）准备工作检查

（1）由前方工段（或者值班调度）负责检查RCC开仓前的各项准备工作，如机械设备、人员配置、原材料、拌和系统、入仓道路（冲洗台）、仓内照明及供排水情况检查、水平和垂直运输手段等。（2）自卸汽车直接运输混凝土入仓时，冲洗汽车轮胎处的设施符合技术要求，距大坝入仓口应有足够的脱水距离，进仓道路必须铺石料路面并冲洗干净、无污染。指挥长负责检查，终检员把它列入签发开仓证的一项内容进行检查。（3）若采用溜管入仓时，检查受料斗弧门运转是否正常、受料斗及溜管内的残渣是否清理干净、结构是否可靠、能否满足碾压混凝土连续上升的施工要求。（4）

施工设备的检查工作应由设备使用单位负责(如运输车间)。

(二)仓面检查验收工作

1. 工程施工质量管理

实行三检制:班组自检,作业队复检,质检部终检。

2. 基础或混凝土施工缝处理的检查项目

建基面、地表水和地下水、岩石清洗、施工缝面毛面处理、仓面清洗、仓面积水。

3. 模板的检查项目

(1)是否按整体规划进行分层、分块和使用规定尺寸的模板。(2)模板及支架的材料质量。(3)模板及支架结构的稳定性、刚度。(4)模板表面相邻两面板高差。(5)局部不平。(6)表面水泥砂浆黏结。(7)表面涂刷脱模剂。(8)接缝缝隙。(9)立模线与设计轮廓线偏差。(10)预留孔、洞尺寸及位置偏差。(11)测量检查、复核资料。

4. 钢筋的检查项目

(1)审批号、钢号、规格。(2)钢筋表面处理。(3)保护层厚度局部偏差。(4)主筋间距局部偏差。(5)箍筋间距局部偏差。(6)分布筋间距局部偏差。(7)、安装后的刚度及稳定性。(8)焊缝表面。(9)焊缝长度。(10)焊缝高度。(11)焊接试验效果。(12)钢筋直螺纹连接的接头检查。

5. 止水、伸缩缝的检查项目

(1)是否按规定的技术方案安装止水结构(如加固措施、混凝土浇筑等)。(2)金属止水片和橡胶止水带的几何尺寸。(3)金属止水片和橡胶止水带的搭结长度。(4)安装偏差。(5)插入基础部分。(6)敷沥青麻丝料。(7)焊接、搭结质量。(8)橡胶止水带塑化质量。

6. 预埋件的检查项目

(1)预埋件的规格。(2)预埋件的表面。(3)预埋件的位置偏差。(4)预埋件的安装牢固性。(5)预埋管子的连接。

7. 混凝土预制件的安装

(1)混凝土预制件外型尺寸和强度应符合设计要求。(2)混凝土预制件型号、安装位置应符合设计要求。(3)混凝土预制件安装时其底部及构件间接触部位连接应符合设计要求。(4)主体工程混凝土预制构件制作必须按试验室签发的配合比施工,并由试验室检查,出厂前应进行验收,合格后方能出厂使用。

8. 灌浆系统的检查项目

(1)灌浆系统埋件(如管路、止浆体)的材料、规格、尺寸应符合设计要求。(2)埋件位置要准确、固定,并连接牢固。(3)埋件的管路必须畅通。

9. 入仓口

汽车直接入仓的入仓口道路的回填及预浇常态混凝土道路的强度(横缝处),必须在开仓前准备就绪。

10. 仓内施工设备

包括振动碾、平仓机、振捣器和检测设备,必须在开仓前按施工要求的台数就位,并保持良好的机况,无漏油现象发生。

11. 冷却水管

采用导热系数 $\lambda \geq 1.0 KJ/m \cdot h \cdot ℃$,内径28mm,壁厚2mm的高密度聚乙烯塑料管,按设计图蛇行布置。单根循环水管的长度不大于250m,冷却水管接头必须密封,开仓之前检查水管不得堵塞或漏水,否则进行更换。

(三)验收合格证签发和施工中的检查

第一,施工单位内部"三检"制对本章第二节中的各条款全部检查合格后,由质检员申请监理工程师验收,经验收合格后,由监理工程师签发开仓证。

第二,未签发开仓合格证,严禁开仓浇筑混凝土,否则作严重违章处理。

第三,在碾压混凝土施工过程中,应派人值班并认真保护,发现异常情况及时认真检查处理,如损坏严重应立即报告质检人员,通知相关作业队迅速采取措施纠正,并需重新进行验仓。

第四,在碾压混凝土施工中,仓面每班专职质检人员包括质检员1人,试验室检测员2人,质检人员应相互配合,对施工中出现的问题,需尽快反应给指挥长,指挥长负责协调处理。仓面值班监理工程师或质检员发现质量问题时,指挥长必须无条件按监理工程师或质检员的意见执行,如有不同意见可在执行后向上级领导反映。

五、混凝土拌和与管理

(一) 拌和管理

第一,混凝土拌和车间应对碾压混凝土拌和生产与拌和质量全面负责。值班试验工负责对混凝土拌和质量全面监控,动态调整混凝土配合比,并按规定进行抽样检验和成型试件。

第二,为保证碾压混凝土连续生产,拌和楼和试验室值班人员必须坚守岗位,认真负责和填写好质量控制原始记录,严格坚持现场交接班制度。

第三,拌和楼和试验室应紧密配合,共同把好质量关,对混凝土拌和生产中出现的质量问题应及时协商处理,当意见不一致时,以试验室的处理意见为准。

第四,拌和车间对拌和系统必须定期检查、维修保养,保证拌和系统正常运转和文明施工。

第五,工程处试验室负责原材料、配料、拌和物质量的检查检验工作,负责配合比的调整优化工作。

(二) 混凝土拌和

第一,混凝土拌和楼计量必须经过计量监督站检验合格才能使用。拌和楼称量设备精度检验由混凝土拌和车间负责实施。

第二,每班开机前(包括更换配料单),应按试验室签发的配料单定称,经试验室值班人员校核无误后方可开机拌和。用水量调整权属试验室值班人员,未经当班试验员同意,任何人不得擅自改变用水量。

第三,碾压混凝土料应充分搅拌均匀,满足施工的工作度要求,其投料顺序按砂+小石+中石+大石→水泥+粉煤灰→水+外加剂,投料完后,强制式拌和楼拌和时间为75s(外掺氧化镁加60s),自落式拌和楼拌和时间为150s(外掺氧化镁加60s)。

第四,混凝土拌和过程中,试验室值班人员对出机口混凝土质量情况加强巡视、检查,发现异常情况应查找原因并及时处理,严禁不合格的混凝土入仓。构成下列情况之一者作为碾压混凝土废料,经处理合格后方使用:

(1)拌和不充分的生料。(2)VC值大于30s或小于1s。(3)混凝土拌和物均匀性差,达不到密度要求。(4)当发现混凝土拌和楼配料称超重、欠称的混凝土。

第五,拌和过程中,拌和楼值班人员应经常观察灰浆在拌和机叶片上的黏结情况,若黏结严重应及时清理。交接班之前,必须将拌和机内黏结物清除。

第六,配料、拌和过程中出现漏水、漏液、漏灰和电子秤频繁跳动现象后,应及时检修，严重影响混凝土质量时应临时停机处理。

第七，混凝土施工人员均必须在现场岗位上交接班，不得因交接班中断生产。

第八，拌和楼机口混凝土 VC 值控制，应在配合比设计范围内，根据气候和途中损失值情况由指挥长通知值班试验员进行动态控制，如若超出配合比设计调整值范围，值班试验员需报告工程处试验室，由工程处试验室对 VC 值进行合理的变更，变更时应保持 W/C+F 不变。

（三）碾压

第一，对计划采用的各类碾压设备，应在正式浇筑 RCC 前，通过碾压试验来确定满足混凝土设计要求的各项碾压参数，并经监理工程师批准。

第二，由碾压机手负责碾压作业，每个条带铺筑层摊平后，按要求的振动碾压遍数进行碾压，碾压遍数是控制砼质量的重要环节，一般采用翻牌法记录遍数，以防漏压，碾压机手在每一条带碾压过程中，必须记点碾压遍数，不得随意更改。砼值班人员和专职质检员可以根据表面泛浆情况和核子密度仪检测结果决定是否增加碾压遍数。专职质检员负责碾压作业的随机检查，碾压方向应按仓面设计的要求，碾压方向应为顺坝轴线方向，碾压条带间的搭结宽度为 20cm，端头部位搭结宽度不少于 100cm。

第三，由试验室人员负责碾压结果检测，每层碾压作业结束后，应及时按网格布点检测混凝土压实容重，核子密度计按 100～200m² 的网格布点且每一碾压层面不少于 3 个点，相对压实度的控制标准为：三级配混凝土应 ≥ 97%、二级配应 ≥ 98%，若未达到，应重新碾压达到要求。

第四，碾压机手负责控制振动碾行走速度在 1.0～1.5km/h 范围内。

第五，碾压混凝土的层间间隔时间应控制在混凝土的初凝时间之内。若在初凝与终凝之间，可在表层铺砂浆或喷浆后，继续碾压；达到终凝时间，必须当冷缝处理。

第六，由于高气温、强烈日晒等因素的影响，已摊铺但尚未碾压的混凝土容易出现表面水分损失，碾压混凝土如平仓后 30min 内尚未碾压，宜在有振碾的第一遍和第二遍开启振动碾自带的水箱进行洒水补偿，水分补偿的程度以碾压后层面湿润和碾压后充分泛浆为准，不允许过多洒水而影响混凝土结合面的质量。

第七，当密实度低于设计要求时，应及时通知碾压机手，按指示补碾，补碾后仍达不到要求，应挖除处理。碾压过程中仓面质检员应做好施工情况记录，质检人员做好质检记录。

第八，模板、基岩周边采用 BM202AD 振动碾直接靠近碾压，无法碾压到的 50～100cm 或复杂结构物周边，可直接浇筑富浆混凝土。

第九，碾压混凝土出现有弹簧土时，检测的相对密实度达到要求，可不处理，若未达到要求,应挖开排气并重新压实达到要求。混凝土表层产生裂纹、表面骨料集中部位碾压不密实时,质检人员应要求值班人员进行人工挖除,重新铺料碾压达到设计要求。

第十,仓面的 VC 值根据现场碾压试验,VC 值以 3～5s 为宜,阳光暴晒且气温高于 25℃;时取 3s,出现 3mm/h 以内的降雨时,VC 值为 6～10s,现场试验室应根据现场气温、昼夜、阴晴、湿度等气候条件适当动态调整出机口 VC 值。碾压混凝土以碾压完毕的混凝土层面达到全面泛浆、人在层面上行走微有弹性、层面无骨料集中为标准。

(四) 缝面处理

1. 施工缝处理

(1)整个 RCC 坝块浇筑必须充分连续一致,使之凝结成一个整体,不得有层间薄弱面和渗水通道。(2)冷缝及施工缝必须进行缝面处理,处理合格后方能继续施工。(3)缝面处理应采用高压水冲毛等方法,清除混凝土表面的浮浆及松动骨料(以露出砂粒、小石为准),处理合格后,先均匀刮铺一层 1～1.5cm 厚的砂浆(砂浆强度等级与 RCC 高一级),然后才能摊铺碾压混凝土。(4)冲毛时间根据施工时段的气温条件、混凝土强度和设备性能等因素,经现场试验确定,混凝土缝面的最佳冲毛时间为碾压混凝土终凝后 2～4h,不得提前进行。(5)RCC 铺筑层面收仓时,基本上达到同一高程,或者下游侧略高、上游侧略低(i=1%)的斜面。因施工计划变更、降雨或其他原因造成施工中断时,应及时对已摊铺的混凝土进行碾压,停止铺筑处的混凝土面宜碾压成不大于 1∶4 的斜面。(6)由仓面混凝土带班员在浇筑过程中保持缝面洁净和湿润,不得有污染、干燥区和积水区。为减少仓面二次污染,砂浆宜逐条带分段依次铺浆。已受污染的缝面待铺砂浆之前应清扫干净。

2. 造缝

由仓面指挥长负责安排切缝时间,在混凝土初凝前完成。切缝采用"先碾后切"的方法,切缝深度不小于 25cm,成缝面积每层应不小于设计面积的 60%,填缝材料用彩条布,随刀片压入。

3. 层面处理

第一,由仓面指挥长负责层面处理工作,不超过初凝时间的层面不作处理,超过初凝时间的层面按表 7-1 要求处理。

表 7-1 碾压混凝土层面凝结状态及其处理工艺

凝结状态	时限（h）	处理工艺
热缝	≤5	铺筑前表面重新碾压泛浆后，直接铺筑
温缝	≤12	铺筑高一强度等级砂浆 1～1.5cm 后铺筑上一层
冷缝	>12	冲毛后铺筑高一强度等级砂浆或细石砼再铺筑上一层

备注：当平均气温高于25℃时按上表进行控制，当平均气温小于25℃时时限可再延长1～1.5h。

第二，水泥砂浆铺设全过程，应由仓面混凝土带班安排，在需要洒铺作业前1h，应通知值班人员进行制浆准备工作，保证需要灰浆时可立即开始作业。

第三，砂浆铺设与变态混凝土摊铺同步连续进行，防止砂浆的黏结性能受水分蒸发的影响，砂浆摊铺后 20～30min 内必须覆盖。

第四，洒铺水泥浆前，仓面混凝土带班必须负责监督洒铺区干净、无积水，并避免出现水泥砂浆晒干问题。

（五）埋件施工与管理

止水结构：（1）伸缩缝上下游止水片的材料及施工要求应符合有关规定。（2）止水结构施工由机电车间负责，位置要有测量放样数据，要求放样和埋设准确，止水片埋设必须采用"一字型"且以结构缝为中对称的安装方法，禁止采用贴模板内的"7字型"的安装方法。在止水材料周围1.5m范围采用一级配混凝土和软轴振捣器振捣密实，以免产生任何渗水通道，质检人员应把止水设施的施工作为重要质控项目加以检查和监督。

（六）入仓口施工

（1）采用自卸汽车直接运输碾压混凝土入仓时，入仓口施工是一个重要施工环节，直接影响RCC施工速度和坝体混凝土施工质量。（2）RCC入仓口应精心规划，一般布置在坝体横缝处，且距坝体上游防渗层下游15m～20m。（3）入仓口采用预先浇筑仓内斜坡道的方法，其坡度应满足自卸汽车入仓要求。（4）入仓口施工由仓面指挥长负责指挥，采用常态混凝土，其强度等级不低于坝体混凝土设计强度等级，应与坝体混凝土同样确保振捣密实，（特别是斜坡道边坡部分）。施工时段应有计划的充分利用混凝土浇筑仓位间歇期，提前安排施工，以便斜坡道混凝土有足够强度行走自卸汽车。

六、特殊气候条件下的施工

(一) 高温气候条件下的施工

1. 改善和延长碾压混凝土拌和物的初凝时间

针对碾压混凝土坝高气温条件下连续施工的特点,比较了不同的高效缓凝剂对碾压混凝土拌和物缓凝的作用效果,研究掺用高效缓凝减水剂对碾压混凝土物理力学性能的影响。长期试验和较多工程实践表明,掺用高温型缓凝高效剂效果显著、施工方便,是一种有效的高气温施工措施。

2. 采用斜层平推法

在高气温环境条件下,由于层面暴露时间短,预冷混凝土的冷量损失也将减少;施工过程遇到降雨时,临时保护的层面面积小,同时有利于斜层表面排水,对雨季施工同样有利,因此,××碾压混凝土坝应优先采用该方法。

3. 允许间隔时间

日平均气温在25℃以上时(含25℃),应严格按高气温条件下经现场试验确定的直接铺筑允许间隔时间施工,一般不超过5h。

4. 碾压混凝土仓面覆盖

(1) 在高气温环境下,对RCC仓面进行覆盖,不仅可以起到保温、保湿的作用,还可以延缓RCC的初凝时间,减少VC值的增加。现场试验表明,碾压混凝土覆盖后的初凝时间比裸露的覆盖时间延缓2h。(2) 仓面覆盖材料要求具有不吸水、不透气、质轻、耐用、成本低廉等优点,工地使用经验证明,采用聚乙烯气垫薄膜和PT型聚苯乙烯泡沫塑料板条复合制作而成的隔热保温被具有上述性质。(3) 仓面混凝土带班、专职质检员应组织专班作业人员及时进行仓面覆盖,不得延误。(4) 除了全面覆盖、保温、保湿外,对自卸汽车、下料溜槽等应设置遮阳防雨棚,尽可能减少运输、卸料时间和RCC的转运次数。

5. 碾压混凝土仓面喷雾

(1) 仓面喷雾是高温气候环境下,碾压混凝土坝连续施工的主要措施之一。采用喷雾的方法,可以形成适宜的人工小气候,起到降温保湿、减少VC值的增长、降低RCC的浇筑温度以及防晒作用。(2) 仓面喷雾采用冲毛机配备专用喷嘴。仓面喷雾以保持混凝土表面湿润,仓面无明显集水为准。(3) 仓面混凝土带班、专职质检员一定要高度重视仓面喷雾,真正改善RCC高气温的恶劣环境,使RCC得到必要的连续施工条件。

6. 降低浇筑温度，增加拌和用水量和控制 VC 值

（1）降低混凝土的浇筑温度。（2）在高气温环境下，RCC 拌和物摊铺后，表层 RCC 拌和物由于失水迅速而使 VC 值增大，混凝土初凝时间缩短，以致难以碾压密实。因此，可适当增加拌和用水量，降低出机口的 VC 值，为 RCC 值的增长留有余地，从而保证碾压混凝土的施工质量。（3）在高气温环境条件下，根据环境气温的高低，混凝土拌和楼出机口 VC 值按偏小、动态控制。

7. 避开白天高温时段

在高气温环境条件下，尽量避开白天高温时段施工，做好开仓准备，抢阴天、夜间施工，以减少预冷混凝土的温度回升，从而降低碾压混凝土的浇筑温度。

（二）雨天施工

第一，加强雨天气象预报信息的搜集工作，应及时掌握降雨强度、降雨历时的变化，妥善安排施工进度。

第二，要做好防雨材料准备工作，防雨材料应与仓面面积相当，并备放在现场。雨天施工应加强降雨量的测试工作，降雨量测试由专职质检员负责。

第三，当每小时降雨量大于 3mm 时，不开仓混凝土浇筑，或浇筑过程中遇到超过 3mm/h 降雨强度时，停止拌和，并尽快将已入仓的混凝土摊铺碾压完毕或覆盖妥善，用塑料布遮盖整个新混凝土面，塑料布的遮盖必须采用搭接法，搭接宽度不少于 20cm，并能阻止雨水从搭接部流入混凝土面。雨水集中排至坝外，对个别无法自动排出的水坑用人工处理。

第四，暂停施工令发布后，碾压混凝土施工一条龙的所有人员，都必须坚守岗位，并做好随时复工的准备工作。暂停施工令由仓面指挥长首先发布给拌和楼，并汇报给生产调度室和工程部。

第五，当雨停后或者每小时降雨量小于 3mm，持续时间 30min 以上，且仓面未碾压的混凝土尚未初凝时，可恢复施工。雨后恢复施工必须在处理完成后，经监理工程师检查认可后，方可进行复工，并做好以下工作：（1）拌和楼混凝土出机口的 VC 值适当增大，适当减少拌和用水量，减少降雨对 RCC 可碾性的影响，一般可采用 VC 上限值。如持续时间较长，可将水胶比缩小 0.03 左右，由指挥长通知试验室根据仓内施工情况进行调整。（2）由仓面工段长组织排除仓内积水，首先是卸料平仓范围内的积水。（3）由质检人员认真检查，对受雨水冲刷混凝土面的裸露砂石严重部位，应铺水泥砂浆处理。对有漏振（混凝土已初凝）或被雨水严重浸泡的混凝土要立即挖除。

七、安全与文明施工

（一）施工安全

（1）所有进入施工现场的工作人员，必须着装劳保工作服，正确佩戴安全帽。（2）所有特殊工种操作人员必须经过培训，持证上岗。（3）仓内所有机械设备的行驶均应遵从仓面指挥长的指挥，不得随意改变行驶方向，防止发生设备碰撞事故。（4）浇筑共振捣、电焊工焊接时均应佩戴绝缘手套，防止触电。（5）施工现场电气设备和线路，必须配置漏电保护器，并有可靠的防雨措施，以防止因潮湿漏电和绝缘损坏引起触电及设备事故。（6）电气设备的金属外壳应采用接地或接零保护。汽车运输必须执行交通规则和有关规定，严禁无证驾驶、酒后开车、无证开车。（7）翻转模板、悬臂模板的提升、安装，必须采用吊车吊装。起重人员必须熟悉模板的安装要求，提升前，必须检查确认预埋螺栓是否已拆除，不得强行起吊。（8）利用调节螺杆进行模板调节时，螺帽必须满扣，且螺杆伸出螺帽的长度不得少于两个丝扣。（9）悬臂模板的外悬工作平台每周必须检查一次，发现变形、螺丝松动时，要及时校正、加固，工作平台网板要确保牢固、满铺。（10）入仓道路必须保证路面良好，以便车辆行驶安全。栈桥或跳板必须架设牢固，面上必须采取防滑措施。（11）运输混凝土的车辆，车速控制在25km/h以内，进入仓道路及仓内后，车速不得大于5km/h。（12）夜间施工仓内必须有充足的照明。仓面指挥人员必须持手旗，且配明显标志。（13）振捣棒必须保持良好的绝缘，每台振捣棒均应配备漏电保护器。平仓及碾压设备应定期检查保养，灯光及警示灯信号必须完好、齐全。（14）其他未尽事宜参照相关安全规定执行。

（二）文明施工

（1）从沙石系统、拌和系统，到浇筑仓面，每一道工序的工作部位，均应设置施工作业牌、安全标志牌及其他指示牌，明确责任范围、责任人，以警示进入工作部位的各方面人员。所有施工人员必须佩戴"工卡"上岗。（2）筛分楼作业区、拌和楼区等部位，常产生泥浆、废渣、洒料等，必须随时派人清理干净，以形成一个清洁的工作环境。（3）混凝土运输道路应平顺，无障碍物，排水有效。当路面洒料后，应及时清理。如遇天晴路面扬灰时，应及时洒水。（4）施工过程中，仓内设备应服从仓面指挥人员的指挥，各行其道，有条不紊。设备加油必须行驶出仓外，严禁设备在仓内加油。（5）在施工过程中，汽车直接入仓的，入仓道路应经常清理和维护，以保证整洁安全。（6）仓面收仓后，必须做到工完场清，施工机具摆放整齐，不出仓的设备应在仓面上停放整齐，出仓的设备应在指定的停放点停放整齐。（7）施工现场文明施工的关键在措施落实，应将现场划分若干责任区，挂牌标示，配有专人负责清洁打扫，施工废料运往指定的弃渣场，对文明施工有突出贡献的单位和个人给予适当奖励，对不文明行为应予处罚。

第三节　混凝土水闸施工

一、施工准备

（1）按施工图纸及招标文件要求制定混凝土施工作业措施计划，并报监理工程师审批；（2）完成现场试验室配置，包括主要人员、必要试验仪器设备等；（3）选定合格原材料供应源，并组织进场、进行试验检验；（4）设计各品种、各级别混凝土配合比，并进行试拌、试验，确定施工配合比；（5）选定混凝土搅拌设备，进场并安装就位，进行试运行；（6）选定混凝土输送设备，修筑临时浇筑便道；（7）准备混凝土浇筑、振捣、养护用器具、设备及材料；（8）进行特殊气候下混凝土浇筑准备工作；（9）安排其他施工机械设备及劳动力组合。

二、混凝土配合比

工程设计所采用的混凝土品种主要为C30，二期混凝土为C40，在商品混凝土厂家选定后分别进行配合比的设计，用于工程施工的混凝土配合比，应通过试验并经监理工程师审核确定，在满足强度耐久性、抗渗性、抗冻性及施工要求的前提下，做到经济合理。

混凝土配合比设计步骤如下：

（一）确定混凝土试配强度

为了确保实际施工混凝土强度满足设计及规范要求，混凝土的试配强度要比设计强度提高一个等级。

（二）确定水灰比

严格按技术规范要求，根据所有原料、使用部位、强度等级及特殊要求分别计算确定。实际选用的水灰比应满足设计及规范的要求。

（三）确定水泥用量

水泥用量以不低于招标文件规定的不同使用部位的最小水泥用量确定，且能满足规范需要及特殊用途混凝土的性能要求。

（四）确定合理的含砂率

砂率的选择依据所用骨料的品种、规格、混凝土水灰比及满足特殊用途混凝土的性能要求来确定。

（五）混凝土试配和调整

按照经计算确定的各品种混凝土配合比进行试拌，每品种混凝土用三个不同的配合比进行拌和试验并制作试压块，根据拌和物的和易性、坍落度、28天抗压强度、试验结果，确定最优配合比。

对于有特殊要求（如抗渗、抗冻、耐腐蚀等）的混凝土，则需根据经验或外加剂使用说明按不同的掺入料、外加剂掺量进行试配并制作试压块，根据拌和物的和易性、坍落度和28天抗压强度、特殊性能试验结果，确定最优配合比。

在实际施工中，要根据现场骨料的实际含水量调整设计混凝土配合比的实际生产用水量并报监理工程师批准。同时在混凝土生产过程中随时检查配料情况，如有偏差及时调整。

三、混凝土运输

工程商品混凝土使用泵送混凝土，运输方式为混凝土罐车陆路运输，从出厂到工地现场距离约为30KM，用时约为40Min。

四、混凝土浇筑

工程主体结构以钢筋混凝土结构为主，施工安排遵循"先主后次、先深后浅、先重后轻"的原则，以闸室、翼墙、导流墩、便桥为施工主线，防渗铺盖、护底、护坡、护面等穿插进行。

建筑物的分块分层：工程建筑物的施工根据各部位的结构特点、型式进行分块、分层。底板工程分块以设计分块为准。

五、部位施工方法

（一）水闸施工内容

（1）地基开挖、处理及防渗、排水设施的施工。（2）闸室工程的底板、闸墩、胸墙及工作桥等施工。（3）上、下游连接段工程的铺盖、护坦、海漫及防冲槽的施工。（4）两岸工程的上、下游翼墙、刺墙及护坡的施工。（5）闸门及启闭设备的安装。

（二）平原地区水闸施工特点

（1）施工场地开阔，现场布置方便。（2）地基多为软基，受地下水影响大，排水困难，地基处理复杂。（3）河道流量大，导流困难，一般要求一个枯水期完成主要工程量的施工，施工强度大。（4）水闸多为薄而小的混凝土结构，仓面小，施工有一定干扰。

（三）水闸混凝土浇筑次序

混凝土工程是水闸施工的主要环节（占工程历时一半以上），必须重点安排，施工时可按下述次序考虑：

（1）先浇深基础，后浅基础，避免浅基础混凝土产生裂缝。（2）先浇影响上部工程施工的部位或高度较大的工程部位。（3）先主要后次要，其他穿插进行。主要与次要由以下三方面区分：①后浇是否影响其他部位的安全；②后浇是否影响后续工序的施工；③后浇是否影响基础的养护和施工费用。

上述可概括为一六字方针即"先深后浅、先重后轻、先主后次、穿插进行。"

六、混凝土养护

混凝土的养护对强度增长、表面质量等至关重要，混凝土的养护期时间应符合规范要求，在养护期前期应始终保持混凝土表面处于湿润状态，其后养护期内应经常进行洒水养护，确保混凝土强度的正常增长条件，以保证建筑物在施工期和投入使用初期的安全性。

工程底部结构采用草包、塑料薄膜覆盖养护，中上部结构采用塑料喷膜法养护，即将塑料溶液喷洒在混凝土表面上，溶液挥发后，混凝土表面形成一层薄膜，阻止混凝土中的水分不再蒸发，从而完成混凝土的水化作用。为达到有效养护目的，塑料喷膜要保持完整性，若有损坏应及时补喷，喷膜作业要与拆模同步进行，模板拆到哪里喷到哪里。

七、二期混凝土施工

二期混凝土浇筑前，应详细检查模板、钢筋及预埋件尺寸、位置等是否符合设计及规范的要求，并作检查记录，报监理工程师检查验收。一期混凝土彻底打毛后，用清水冲洗干净并浇水保持24小时湿润，以使二期混凝土与一期混凝土牢固结合。

二期混凝土浇筑空间狭小，施工较为困难，为保证二期混凝土的浇筑质量，可采取减小骨料粒径、增加坍落度，使用软式振捣器，并适当延长振捣时间等措施，确保二期混凝土浇筑质量。

八、大体积混凝土施工技术

工程混凝土块体较多，如闸身底板、泵站底板、墩墙等，均属大体积混凝土。混凝土在硬化期间，水泥的水化过程释放大量的水化热，由于散热慢，水化热大量积聚，造成混凝土内部温度高、体积膨胀大，而表面温度低，产生拉应力。当温差超过一定限度时，使混凝土拉应力超过抗拉强度，就产生裂缝。混凝土内部达到最高温度后，热量逐渐散发而达到使用温度或最低温度，二者之差便形成内部温差，促使了混凝土内部产生收缩。再加上混凝土硬化过程中，由于混凝土拌和水的水化和蒸发，以及胶质体的胶凝作用，促进了混凝土的收缩。这两种收缩在进行时，受到基底及结构自身的约束，而产生收缩力，当这种收缩应力超过一定限度时，就会贯穿混凝土断面，成为结构性裂缝。

针对以上成因，为了能有效地预防混凝土裂缝的产生，本工程施工过程中，将从混凝土原材料质量、方式工艺、混凝土养护等方面，预防混凝土裂缝产生。

（一）混凝土原材料质量控制措施

（1）严格控制砂石材料质量，选用中粗砂和粒径较大石子，砂石含泥量控制在规范允许范围内。（2）水泥供应到工后，做到不受潮、不变质，先到先用。（3）各种材料到工后，做到及时检测。对不合格料应及时处理，清理出场。

（二）施工工艺控制措施

1. 混凝土浇筑成型过程

（1）混凝土施工前，制定详细的混凝土浇筑方案，混凝土生产能力必须满足最大浇筑强度要求，相邻坯层混凝土覆盖的间隔时间满足施工规范要求，避免产生施工冷缝。混凝土振捣要依次振捣密实，不能漏振，分层浇筑时，振捣棒要深入到下层混凝土中，以确保混凝土结合面的质量。（2）在浇筑过程中，要及时排除混凝土表面泌水，混凝土浇筑完成后，按设计标高用刮尺将混凝土抹平。在混凝土成型后，采用真空吸水措施，排除混凝土多余水分，然后用木蟹拓磨压实，最后收光压面，以提高混凝土表面密实度。（3）在混凝土浇筑过程中，要确保钢筋保护层厚度。（4）混凝土施工缝处理要符合施工规范要求，混凝土接合面充分凿毛，表面冲洗干净，混凝土浇筑前，必须先铺摊与混凝土相同配合比水泥砂浆，以提高混凝土施工缝粘接强度。

2. 拆模过程

（1）适当延迟侧向模板拆模时间，以保持表面温度和湿度，减少气温陡降和收缩裂缝。（2）承重模板必须符合规范要求。（3）混凝土养护措施：混凝土浇筑后，安排专人进行养护。对底板部分，表面采用草包覆盖，浇水养护措施，保持表面湿润。夏季施工时，新浇混凝土应防止烈日直射，采用遮阳措施。

九、混凝土工程质量控制

（1）按招标文件及规范要求制定混凝土工程施工方案，并报请监理工程师审批。（2）严格按规范和招标文件的要求的标准选用混凝土配制所用的各种原辅材料，并按规定对每批次进场材料抽样检测。（3）严格按规范和招标文件的要求设计混凝土配合比，并通过试验证明符合相关规定及使用要求，尤其是有特殊性能要求的混凝土。（4）加强混凝土现场施工的配料计量控制，随时检查、调整，确保混凝土配料准确。并按规范规定和监理工程师的指令，在出机口及浇筑现场进行混凝土取样试验，并制作混凝土试压块。关键部位浇筑时应有监理工程师旁站。（5）控制混凝土熟料的搅拌时间、塌落度等满足规范要求，确保拌和均匀。混凝土的拌和程序和时间应符合规范规定。（6）混凝土浇筑入仓要有适宜措施，避免大高差跌落造成混凝土离析。（7）按规范要求进行混凝土的振捣，确保混凝土密实度。（8）做好雨季混凝土熟料及仓面的防雨措施，浇筑中严禁在仓内加水。（9）加强混凝土浇筑值班巡查工作，确保模板位置、钢筋位置及保护层、预埋件位置准确无误。(10)做好混凝土正常养护工作，浇水养护时间不低于规范和招标文件的要求。(11)按规范规定做好对结构混凝土表面的保护工作。

第四节 大体积混凝土的温度控制

随着我国各项基础设施建设的加快和城市建设的发展，大体积混凝土已经愈来愈广泛地应用于大型设备基础、桥梁工程、水利工程等方面。这种大体积混凝土具有体积大、混凝土数量多、工程条件复杂和施工技术要求高等特点，在设计和施工中除了必须满足强度、刚度、整体性和耐久性的要求外，还必须控制温度变形裂缝的开展，保证结构的整体性和建筑物的安全。因此控制温度应力和温度变形裂缝的扩展，是大体积混凝土设计和施工中的一个重要课题。

一、裂缝的产生原因

大体积混凝土施工阶段产生的温度裂缝，是其内部矛盾发展的结果，一方面是混凝土内外温差产生应力和应变，另一方面是结构的外约束和混凝土各质点间的内约束阻止这种应变，一旦温度应力超过混凝土所能承受的抗拉强度，就会产生裂缝。

（一）水泥水化热

在混凝土结构浇筑初期，水泥水化热引起温升，且结构表面自然散热。因此，在浇筑后的 3d～5d，混凝土内部达到最高温度。混凝土结构自身的导热性能差，且大体积混凝土由于体积巨大，本身不易散热，水泥水化现象会使得大量的热聚集在混凝土内部，使得混凝土内部迅速升温。而混凝土外露表面容易散发热量，这就使得混凝土结构温度内高外低，且温差很大，形成温度应力。当产生的温度应力（一般是拉应力）超过混凝土当时的抗拉强度时，就会形成表面裂缝

（二）外界气温变化

大体积混凝土结构在施工期间，外界气温的变化对防止大体积混凝土裂缝的产生起着很大的影响。混凝土内部的温度是由浇筑温度、水泥水化热的绝热温度和结构的

散热温度等各种温度叠加之和组成。浇筑温度与外界气温有着直接关系，外界气温愈高，混凝土的浇筑温度也就会愈高；如果外界温度降低则又会增加大体积混凝土的内外温差梯度。如果外界温度的下降过快，会造成很大的温度应力，极其容易引发混凝土的开裂。另外外界的湿度对混凝土的裂缝也有很大的影响，外界的湿度降低会加速混凝土的干缩，也会导致混凝土裂缝的产生。

二、温度控制措施

针对大体积混凝土温度裂缝成因，可从以下几方面制定温控防裂措施。

（一）温度控制标准

混凝土温度控制的原则是：（1）尽量降低混凝土的温升、延缓最高温度出现时间；（2）降低降温速率；（3）降低混凝土中心和表面之间、新老混凝土之间的温差以及控制混凝土表面和气温之间的差值。温度控制的方法和制度需根据气温（季节）、混凝土内部温度、结构尺寸、约束情况、混凝土配合比等具体条件确定。

（二）混凝土的配置及原料的选择

1. 使用水化热低的水泥

由于矿物成分及掺合料数量不同，水泥的水化热差异较大。铝酸三钙和硅酸三钙含量高的，水化热较高，掺合料多的水泥水化热较低。因此选用低水化热或中水化热的水泥品种配制混凝土。不宜使用早强型水泥。采取到货前先临时贮存散热的方法，确保混凝土搅拌时水泥温度尽可能较低。

2. 使用微膨胀水泥

使用微膨胀水泥的目的是在混凝土降温收缩时膨胀，补偿收缩，防止裂缝。但目前使用的微膨胀水泥，大多膨胀过早，即混凝土升温时膨胀，降温时已膨胀完毕，也开始收缩，只能使升温的压应力稍有增大，补偿收缩的作用不大。所以应该使用后膨胀的微膨胀水泥。

3. 控制砂、石的含泥量

严格控制砂的含泥量使之不大于3%；石子的含泥量，使之不大于1%，精心设计、选择混凝土成分配合如尽可能采用粒径较大、质量优良、级配良好的石子。粒径越大、级配良好，骨料的孔隙率和表面积越小，用水量减少，水泥用量也少。在选择细骨料时，其细度模数宜在 26～29。工程实践证明，采用平均粒径较大的中粗砂，比采用细砂每方混凝土中可减少用水量 20～25kg，水泥相应减少 28～35kg，从而降低混凝土的干缩，减少水化热，对混凝土的裂缝控制有重要作用。

4. 采用线胀系数小的骨料

混凝土由水泥浆和骨料组成，其线胀系数为水泥浆和骨料线胀系数的加权（占混凝土的体积）平均值。骨料的线胀系数因母岩种类而异。不同岩石的线胀系数差异很大。大体积混凝土中的骨料体积占 75％以上，采用线胀系数小的骨料对降低混凝土的线胀系数，从而减小温度变形的作用是十分显著的。

5. 外掺料选择

水泥水化热是大体积混凝土发生温度变化而导致体积变化的主要根源。干湿和化学变化也会造成体积变化，但通常都远远小于水泥水化热产生的体积变化。因此，除采用水化热低的水泥外，要减小温度变形，还应千方百计地降低水泥用量，减少水的用量。根据试验每减少 10kg 水泥，其水化热将使混凝土的温度相应升降 1℃。这就要求：（1）在满足结构安全的前提，尽量降低设计要求强度。（2）众所周知，强度越低，水泥用量越小。充分利用混凝土后期强度，采用较长的设计龄期混凝土的强度，特别是掺加活性混合材（矿渣、粉煤灰）的。大体积混凝土因工程量大，施工时间长，有条件采用较长的设计龄期，如 90d、180d 等。折算成常规龄期 28d 的设计强度就可降低，从而减小水泥用量。（3）掺加粉煤灰：粉煤灰的水化热远小于水泥，7d 约为水泥 1/3，28d 约为水泥的 1/20 掺加粉煤灰减小水泥用量可有效降低水化热。大体积混凝土的强度通常要求较低，允许参加较多的粉煤灰。另外，优质粉煤灰的需水性小，有减水作用，可降低混凝土的单位用水量和水泥用量；还可减小混凝土的自身体积收缩，有的还略有膨胀，有利于防裂。掺粉煤灰还能抑制碱骨料反应并防止因此产生的裂缝。（4）掺减水剂：掺减水剂可有效地降低混凝土的单位用水量，从而降低水泥用量。缓凝型减水剂还有抑制水泥水化作用，可降低水化温升，有利于防裂。大体积混凝土中掺加的减水剂主要是木质素磺酸钙，它对水泥颗粒有明显的分散效应，可有效地增加混凝土拌合物的流动性，且能使水泥水化较充分，提高混凝土的强度。若保持混凝土的强度不变，可节约水泥 10％。从而可降低水化热，同时可明显延缓水化热释放速度，热峰也相应推迟。

三、混凝土浇筑温度的控制

降低混凝土的浇筑温度对控制混凝土裂缝非常重要。相同混凝土，入模温度高的温升值要比入模温度低的大许多。混凝土的入模温度应视气温而调整。在炎热气候下不应超过 28℃，冬季不应低于 5℃。在混凝土浇筑之前，通过测量水泥、粉煤灰、砂、石、水的温度，可以估算浇筑温度。若浇筑温度不在控制要求内，则应采取相措施。

（一）在高温季节、高温时段浇筑的措施

（1）除水泥水化温升外，混凝土本身的温度也是造成体积变化的原因，有条件的应尽量避免在夏季浇筑。若无法做到，则应避免在午间高温时浇筑。（2）高温季节施工时，设混凝土搅拌用水池（箱），拌和混凝土时，拌和水内可以加冰屑（可降低 3～4）和冷却骨料（可降低 10 以上），降低搅拌用水的温度。（3）高温天气时，砂、石子堆场的上方设遮阳棚或在料堆上覆盖遮阳布，降低其含水率和料堆温度。同时提高骨料堆料高度，当堆料高度大于 6m 时，骨料的温度接近月平均气温。（4）向混凝土运输车的罐体上喷洒冷水、在混凝土泵管上裹覆湿麻袋片控制混凝土入模前的温度。（5）预埋钢管，通冷却水：如果绝热温升很高，有可能因温度应力过大而导致温度裂缝时，浇灌前，在结构内部预埋一定数量的钢管（借助钢筋固定），除在结构中心布置钢管外，其余钢管的位置和间距根据结构形式和尺寸确定（温控措施圆满完成后用高标号灌浆料将钢管灌堵密实）。大体积混凝土浇灌完毕后，根据测温所得的数据，向预埋的管内通以一定温度的冷却水，应保证冷却水温度和混凝土温度之差不大于 25，利用循环水带走水化热；冷却水的流量应控制，保证降温速率不大于 15/d，温度梯度不大于 2/m。尽管这种方法需要增加一些成本，却是降低大体积混凝土水化热温最为有效的措施。（6）可采用表面流水冷却，也有较好效果。

（二）保温措施

冬季施工如日平均气温低于 5℃时，为防止混凝土受冻，可采取拌和水加热及运输过程的保温等措施。

（三）控制混凝土浇筑间歇期、分层厚度

各层混凝土浇筑间歇期应控制在 7 天左右，最长不得超过 10 天。为降低老混凝土的约束，需做到薄层、短间歇、连续施工。如因故间歇期较长，应根据实际情况在充分验算的基础上对上层混凝土层厚进行调整。

四、浇筑后混凝土的保温养护及温差监测

保温效果的好坏对大体积混凝土温度裂缝控制至关重要。保温养护采用在混凝土

表面覆盖草垫、素土的养护方法。养护安排专人进行,养护时间5天。

自施工开始就派专人对混凝土测温并做好详细记录,以便随时了解混凝土内外温差变化。

承台测温点共布设9个,分上中下三层,沿着基础的高度,分布于基础周边,中间及肋部。测温点具体埋设位置见专项施工方案(作业指导书)。混凝土浇筑完毕后即开始测温。在混凝土温度上升阶段每2~4h测一次,温度下降阶段每8h测一次,同时应测大气温度,以便掌握基础内部温度场的情况,控制砼内外温差在25℃以内。根据监测结果,如果砼内部升温较快,砼内部与表面温度之差有可能超过控制值时,在混凝土外表面增加保温层。

当昼夜温差较大或天气预报有暴雨袭击时,现场准备足够的保温材料,并根据气温变化趋势以及砼内部温度监测结果及时调整保温层厚度。

当砼内部与表面温度之差不超过20℃,且砼表面与环境温度之差也不超过20℃,逐层拆除保温层。当砼内部与环境温度之差接近内部与表面温差控制值时,则全部撤掉保温层。

五、做好表面隔热保护

大体积混凝土的裂缝,特别是表面裂缝,主要是由于内外温差过大产生的浇筑后,水泥水化使混凝土温度升高,表面易散热温度较低,内部不易散热温度较高,相对地表面收缩内部膨胀,表面收缩受内部约束产生拉应力。但通常这种拉应力较小,不至于超过混凝土抗拉强度而产生裂缝。只有同时遇冷空气袭击。或过水或过分通风散热、使表面降温过大时才会发生裂缝(浇筑后5~20d最易发生)。表面隔热保护防止表面降温过大,减小内外温差,是防裂的有效措施。

(一)不拆模保温蓄热养护

大体积混凝土浇灌完成后应适时地予以保温保湿养护(在混凝土内外温差不大于25的情况下,过早地保温覆盖不利于混凝土散热)。养护材料的选择、维护层数以及拆除时间等应严格根据测温和理论计算结果而定。

(二)不拆模保温蓄热及混凝土表面蓄水养护

对于筏板式基础等大体积混凝土结构,混凝土浇灌完毕后,除在模板表面裹覆保温保湿材料养护外,可以通过在基础表面的四周砌筑砖围堰而后在其内蓄水的方法来养护混凝土，但应根据测温情况严格控制水温，确保蓄水的温度和混凝土的温度之差小于或等于25℃，以免混凝土内外温差过大而导致裂缝出现。

六、控制混凝土入模温度

混凝土的入模温度指混凝土运输至浇筑时的温度。冬期施工时，砼的入模温度不宜低于5℃。夏季施工时，混凝土的入模温度不宜高于30℃。

（一）夏季施工砼入模温度的控制

1. 原材料温度控制

混凝土拌制前测定砂、碎石、水泥等原材料的温度，露天堆放的砂石应进行覆盖，避免阳光曝晒。拌合用水应在混凝土开盘前的1小时从深井抽取地下水，蓄水池在夏天搭建凉棚，避免阳光直射。拌制时，优先采用进场时间较长的水泥及粉煤灰，尽可能降低水泥及粉煤灰在生产过程中存留的余热。

2. 采用砼搅拌运输车运输砼

运输车储运罐装混凝土前用水冲洗降温，并在轮搅拌运输车罐顶设置棉纱降温刷，及时浇水使降温刷保持湿润，在罐车行走转动过程中，使罐车周边湿润，蒸发水汽降低温度，并尽量缩短运输时间。运输混凝土过程中宜慢速搅拌混凝土，不得在运输过程加水搅拌。

3. 施工时，要做好充分准备，备足施工机械，创造好连续浇筑的条件

砼从搅拌机到入模的时间及浇筑时间要尽量缩短。同时，为避免高温时段，浇筑应多选择在夜间施工。

（二）冬期施工砼入模温度的控制

（1）冬期施工时，设置骨料暖棚，将骨料进行密封保存，暖棚内设置加热设施。粗细骨料拌和前先置于暖棚内升温。暖棚外的骨料使用帆布进行覆盖。配制一台锅炉，通过蒸汽对搅拌用水进行加热，以保证混凝土的入模温度不低于5℃。（2）砼的浇筑时间有条件时应尽量选择在白天温度较高的时间进行。（3）砼拌制好后，及时运往浇筑地点，在运输过程中，罐车表面采用棉被覆盖保温。运输道路和施工现场及时清扫积雪，保证道路通畅，必要时运输车辆加防滑链。

七、养护

混凝土养护包括湿度和温度两个方面。结构表层混凝土的抗裂性和耐久性在很大程度上取决于施工养护过程中的温度和湿度养护。因为水泥只有水化到一定程度才能形成有利于混凝土强度和耐久性的微观结构。目前工程界普遍存在的问题是湿养护不足，对混凝土质量影响很大。湿养护时间应视混凝土材料的不同组成和具体环境条件而定。对于低水胶比又掺用掺和料的混凝土，潮湿养护尤其重要。湿养护的同时，还要控制混凝土的温度变化。根据季节不同采取保温和散热的综合措施，保证混凝土内表温差及气温与混凝土表面的温差在控制范围内。

八、加强施工质量控制

工程实践证明，大体积混凝土裂缝的出现与其质量的不均匀性有很大关系，混凝土强度不均匀，裂缝总是从最弱处开始出现，当混凝土质量控制不严，混凝土强度离散系数大时，出现裂缝的几率就大。加强施工管理，提高施工质量，必须从混凝土的原材料质量控制做起。科学进行配合比设计，施工中严格按照施工规范操作，特别要加强混凝土的振捣和养护，确保混凝土的质量，以减少混凝土裂缝的发生。

第八章 水闸工程施工技术

第一节 水闸工程施工基础知识

一、基础知识

修建在河道和渠道上利用闸门控制流量和调节水位的低水头水工建筑物。关闭闸门可以拦洪、挡潮或抬高上游水位,以满足灌溉、发电、航运、水产、环保、工业和生活用水等需要;开启闸门,可以宣泄洪水、涝水、弃水或废水,也可对下游河道或渠道供水。在水利工程中,水闸作为挡水、泄水或取水的建筑物,应用广泛。

水闸,按其所承担的主要任务,可分为:节制闸、进水闸、冲沙闸、分洪闸、挡潮闸、排水闸等。按闸室的结构形式,可分为:开敞式、胸墙式和涵洞式。开敞式水闸当闸门全开时过闸水流通畅,适用于有泄洪、排冰、过木或排漂浮物等任务要求的水闸,节制闸、分洪闸常用这种形式。胸墙式水闸和涵洞式水闸,适用于闸上水位变幅较大或挡水位高于闸孔设计水位,即闸的孔径按低水位通过设计流量进行设计的情况。胸墙式的闸室结构与开敞式基本相同,为了减少闸门和工作桥的高度或为控制下泄单宽流量而设胸墙代替部分闸门挡水,挡潮闸、进水闸、泄水闸常用这种形式。如中国葛洲坝泄水闸采用12m×12m活动平板门胸墙,其下为12m×12m弧形工作门,以适应必要时宣泄大流量的需要。涵洞式水闸多用于穿堤引(排)水,闸室结构为封闭的涵洞,在进口或出口设闸门,洞顶填土与闸两侧堤顶平接即可作为路基而不需另设交通桥,排水闸多用这种形式。

水闸由闸室、上游连接段和下游连接段组成。闸室是水闸的主体,设有底板、闸门、启闭机、闸墩、胸墙、工作桥、交通桥等。闸门用来挡水和控制过闸流量，闸墩用以分隔闸孔和支承闸门、胸墙、工作桥、交通桥等。底板是闸室的基础，将闸室上部结构的重量及荷载向地基传递，兼有防渗和防冲的作用。闸室分别与上下游连接段和两岸或其他建筑物连接。上游连接段包括：在两岸设置的翼墙和护坡，在河床设置的防冲槽、护底及铺盖，用以引导水流平顺地进入闸室，保护两岸及河床免遭水流冲刷，并与闸室共同组成足够长度的渗径，确保渗透水流沿两岸和闸基的抗渗稳定性。下游连接段，由消力池、护坦、海漫、防冲槽、两岸翼墙、护坡等组成，用以引导出闸水流向下游均匀扩散，减缓流速，消除过闸水流剩余动能，防止水流对河床及两岸的冲刷。

水闸关门挡水时，闸室将承受上下游水位差所产生的水平推力，使闸室有可能向下游滑动。闸室的设计，须保证有足够的抗滑稳定性。同时在上下游水位差的作用下，水将从上游沿闸基和绕过两岸连接建筑物向下游渗透，产生渗透压力，对闸基和两岸连接建筑物的稳定不利，尤其是对建于土基上的水闸，由于土的抗渗稳定性差，有可能产生渗透变形，危及工程安全，故需综合考虑闸址地质条件、上下游水位差、闸室和两岸连接建筑物布置等因素，分别在闸室上下游设置完整的防渗和排水系统，确保闸基和两岸的抗渗稳定性。开门泄水时，闸室的总净宽度须保证能通过设计流量。闸的孔径，需按使用要求、闸门形式及考虑工程投资等因素选定。由于过闸水流形态复杂，流速较大，两岸及河床易遭水流冲刷，需采取有效的消能防冲措施。对两岸连接建筑物的布置需使水流进出闸孔有良好的收缩与扩散条件。建于平原地区的水闸地基多为较松软的土基，承载力小，压缩性大，在水闸自重与外荷载作用下将会产生沉陷或不均匀沉陷，导致闸室或翼墙等下沉、倾斜，甚至引起结构断裂而不能正常工作。为此，对闸室和翼墙等的结构形式、布置和基础尺寸的设计，需与地基条件相适应，尽量使地基受力均匀，并控制地基承载力在允许范围以内，必要时应对地基进行妥善处理。对结构的强度和刚度需考虑地基不均匀沉陷的影响，并尽量减少相邻建筑物的不均匀沉陷。此外，对水闸的设计还要求做到结构简单、经济合理、造型美观、便于施工管理，以及有利于环境绿化等。

水闸设计的主要内容有以下几个方面。

（一）闸址和闸槛高程的选择

根据水闸所负担的任务和运用要求，综合考虑地形、地质、水流、泥沙、施工、管理和其他方面等因素，经过技术经济比较选定。闸址一般设于水流平顺、河床及岸坡稳定、地基坚硬密实、抗渗稳定性好、场地开阔的河段。闸槛高程的选定，应与过闸单宽流量相适应。在水利枢纽中，应根据枢纽工程的性质及综合利用要求，统一考虑水闸与枢纽其他建筑物的合理布置，确定闸址和闸槛高程。

（二）水力设计

根据水闸运用方式和过闸水流形态，按水力学公式计算过流能力，确定闸孔总净宽度。结合闸下水位及河床地质条件，选定消能方式。水闸多用水跃消能，通过水力计算，确定消能防冲设施的尺度和布置。估算判断水闸投入运用后，由于闸上下游河床可能发生冲淤变化，引起上下游水位变动，从而对过水能力和消能防冲设施产生的不利影响。大型水闸的水力设计，应做水力模型试验验证。

（三）防渗排水设计

根据闸上下游最大水位差和地基条件，并参考工程实践经验，确定地下轮廓线（即由防渗设施与不透水底板共同组成渗流区域的上部不透水边界）布置，须满足沿地下轮廓线的渗流平均坡降和出逸坡降在允许范围以内，并进行渗透水压力和抗渗稳定性计算。在渗流出逸面上应铺设反滤层和设置排水沟槽（或减压井），尽快地、安全地将渗水排至下游。两岸的防渗排水设计与闸基的基本相同。

（四）结构设计

根据运用要求和地质条件，选定闸室结构和闸门形式，妥善布置闸室上部结构。分析作用于水闸上的荷载及其组合，进行闸室和翼墙等的抗滑稳定计算、地基应力和沉陷计算，必要时，应结合地质条件和结构特点研究确定地基处理方案。对组成水闸的各部建筑物（包括闸门），根据其工作特点，进行结构计算。

二、施工导流

（一）施工导流的任务

在河流上修建水工建筑物，施工期往往与通航、筏运、渔业、灌溉或水电站运行等水资源综合利用的要求发生矛盾。

水利工程整个施工过程中的施工导流，广义上说可以概括为采取"导、截、拦、蓄、泄"等工程措施，来解决施工和水流蓄泄之间的矛盾，避免水流对水工建筑物施工的不利影响，把水流全部或部分地导向下游或拦蓄起来，以保证水工建筑物的干地施工和在施工期不受影响或尽可能提高施工期水资源的综合利用。

施工导流设计的任务就是：（1）根据水文、地形、地质、水文地质、枢纽布置及施工条件等基本资料，选择导流标准，划分导流时段，确定导流设计流量；（2）选择导流方案及导流建筑物的形式；（3）确定导流建筑物的布置、构造及尺寸；（4）拟定导流建筑物的修建、拆除、堵塞的施工方法以及截流、拦洪度汛和基坑排水等措施。

（二）施工导流的概念

施工导流就是在河流上修建水工建筑物时，为了使水工建筑物在干地上进行施工，需要用围堰围护基坑，并将水流引向预定的泄水通道往下游宣泄。

（三）施工导流的基本方法

施工导流的基本方法大体上可分为两类：一类是分段围堰法导流，水流通过被束窄的河床、坝体底孔、缺口或明槽等向下游宣泄；另一类是全段围堰法，水流通过河床以外的临时或永久隧洞、明渠或涵管等向下游宣泄。

除了以上两种基本导流形式以外，在实际工程中还有许多其他导流方式。如当泄水建筑物不能全部宣泄施工过程中的洪水时，可采用允许基坑被淹的导流方法，在山区性河流上，水位暴涨暴落，采用此种方法可能比较经济；有的工程利用发电厂房导流；在有船闸的枢纽中，利用船闸闸室进行导流；在小型工程中，如果导流设计流量较小，可以穿过基坑架设渡槽来宣泄导流流量等。

第二节　水闸工程的施工工程

一、水闸的组成及布置

水闸是一种低水头的水工建筑物，它具有挡水和泄水的双重作用，用以调节水位、控制流量。

（一）水闸的类型

水闸有不同的分类方法。既可按其承担的任务分类，也可按其结构形式、规模等分类。

1. 按水闸承担的任务分类

（1）拦河闸

建于河道或干流上，拦截河流。拦河闸控制河道下泄流量，又称为节制闸。枯水期拦截河道，抬高水位，以满足取水或航运的需要，洪水期则提闸泄洪，控制下泄流量。

（2）进水闸

建在河道，水库或湖泊的岸边，用来控制引水流量。这种水闸有开敞式及涵洞式两种，常建在渠首。进水闸又称取水闸或渠首闸。

（3）分洪闸

常建于河道的一侧，用以分泄天然河道不能容纳的多余洪水进入湖泊、洼地，以削减洪峰，确保下游安全。分洪闸的特点是泄水能力很大，而经常没有水的作用。

（4）排水闸

常建于江河沿岸，防江河洪水倒灌；河水退落时又可开闸排洪。排水闸双向均可能泄水，所以前后都可能承受水压力。

（5）挡潮闸

建在人海河口附近，涨潮时关闸防止海水倒灌，退潮时开闸泄水，具有双向挡水特点。

（6）冲沙闸

建在多泥沙河流上，用于排除进水闸、节制闸前或渠系中沉积的泥沙，减少引水水流的含沙量，防止渠道和闸前河道淤积。

2. 按闸室结构形式分类

水闸按闸室结构形式可分为开敞式、胸墙式及涵洞式等。

（1）开敞式。过闸水流表面不受阻挡，泄流能力大。

（2）胸墙式。闸门上方设有胸墙，可以减少挡水时闸门上的力，增加挡水变幅。

（3）涵洞式。闸门后为有压或无压洞身，洞顶有填土覆盖。多用于小型水闸及穿堤取水情况。

3. 按水闸规模分类

（1）大型水闸。泄流量大于1 000m³/s。（2）中型水闸。泄流量为100~1 000m³/s。（3）小型水闸。泄流量小于100m³/s。

（二）水闸的组成

水闸一般由闸室段、上游连接段和下游连接段三部分组成。

1. 闸室段

闸室是水闸的主体部分，其作用是：控制水位和流量，兼有防渗防冲作用。闸室段结构包括：闸门、闸墩、底板、胸墙、工作桥、交通桥、启闭机等。

闸门用来挡水和控制过闸流量。闸墩用来分隔闸孔和支承闸门、胸墙、工作桥、交通桥等。闸墩将闸门、胸墙以及闸墩本身挡水所承受的水压力传递给底板。胸墙设于工作闸门上部，帮助闸门挡水。

底板是闸室段的基础，它将闸室上部结构的重量及荷载传至地基。建在软基上的闸室主要由底板与地基间的摩擦力来维持稳定。底板还有防渗和防冲的作用。

工作桥和交通挢用来安装启闭设备、操作闸门和联系两岸交通。

2. 上游连接段

上游连接段处于水流行进区，主要作用是引导水流从河道平稳地进入闸室，保护两岸及河床免遭冲刷，同时有防冲、防渗的作用。一般包括上游翼墙、铺盖、上游防冲槽和两岸护坡等。

上游翼墙的作用是导引水流，使之平顺地流入闸孔；抵御两岸填土压力，保护闸前河岸不受冲刷；并有侧向防渗的作用。铺盖主要起防渗作用，其表面还应进行保护，以满足防冲要求。上游两岸要适当进行护坡，其目的是保护河床两岸不受冲刷。

3. 下游连接段

下游连接段的作用是消除过闸水流的剩余能量，引导出闸水流均匀扩散，调整流速分布和减缓流速．防止水流出闸后对下游的冲刷。

下游连接段包括护坦（消力池）、海漫、下游防冲槽、下游翼墙、两岸护坡等。下游翼墙和护坡的基本结构和作用同上游。

（三）水闸的防渗

水闸建成后，由于上、下游水位差，在闸基及边墩和翼墙的背水一侧产生渗流。渗流对建筑物的不利影响，主要表现为：降低闸室的抗滑稳定性及两岸翼墙和边墩的侧向稳定性；可能引起地基的渗透变形，严重的渗透变形会使地基受到破坏，甚至失事；损失水量；使地基内的可溶物质加速溶解。

1. 地下轮廓线布置

地下轮廓线是指水闸上游铺盖和闸底板等不透水部分和地基的接触线。地下轮廓线的布置原则是："上防下排"，即在闸基靠近上游侧以防渗为主，采取水平防渗或垂直防渗措施，阻截渗水，消耗水头。在下游侧以排水为主，尽快排除渗水、降低渗压。

地下轮廓布置与地基土质有密切关系，分述如下。

（1）黏性土地基地下轮廓布置

黏性土壤具有凝聚力，不易产生管涌，但摩擦系数较小。因此，布置地下轮廓线，主要考虑降低渗透压力，以提高闸室稳定性。闸室上游宜设置水平钢筋混凝土或黏土铺盖，或土工膜防渗铺盖，闸室下游护坦底部应设滤层，下游排水可延伸到闸底板下。

（2）沙性土地基地下轮廓布置

沙性土地基正好与黏性土地基相反，底板与地基之间摩擦系数较大，有利闸室稳定，但土壤颗粒之间无黏着力或黏着力很小，易产生管涌，故地下轮廓线布置的控制因素是如何防止渗透变形。

当地基砂层很厚时，一般采用铺盖加板桩的形式来延长渗径，以达到降低渗透坡降和渗透流速。板桩多设在底板上游一侧的齿墙下端。如设置一道板桩不能满足渗径要求时，可在铺盖前端增设一道短板桩，以加长渗径。

当砂层较薄，其下部又有相对不透水层时，可用板桩切入不透水层，切入深度一般不应小于 1.0m。

2. 防渗排水设施

防渗设施是指构成地下轮廓的铺盖、板桩及齿墙，而排水设施指铺设在护坦、浆砌石海漫底部或闸底板下游段起导渗作用的砂砾石层。排水常与反滤结合使用。

水闸的防渗有水平防渗和垂直防渗两种。水平防渗措施为铺盖，垂直防渗措施有板桩、灌浆帷幕、齿墙和混凝土防渗墙等。

（1）铺盖

铺盖有黏土和黏壤土铺盖、沥青混凝土铺盖、钢筋混凝土铺盖等。

①黏土和黏壤土铺盖

铺盖与底板连接处为一薄弱部位，通常是在该处将铺盖加厚；将底板前端做成倾斜面，使黏土能借自重及其上的荷载与底板紧贴；在连接处铺设油毛毡等止水材料，一端用螺栓固定在斜面上，另一端埋入黏土中，为了防止铺盖在施工期遭受破坏和运行期间被水流冲刷，应在其表面铺砂层，然后在砂层上再铺设单层或双层块石护面。

②沥青混凝土铺盖

沥青混凝土铺盖的厚度一般为 5~10cm，在与闸室底板连接处应适当加厚，接缝多为搭接形式。为提高铺盖与底板间的粘结力，可在底板混凝土面先涂一层稀释的沥青乳胶，再涂一层较厚的纯沥青。沥青混凝土铺盖可以不分缝，但要分层浇筑和压实，各层的浇筑缝要错开。

③钢筋混凝土铺盖

钢筋混凝土铺盖的厚度不宜小于0.4m，在与底板联接处应加厚至0.8~1.0m，并用沉降缝分开，缝中设止水。在顺水流和垂直水流流向均应设沉降缝，间距不宜超过15~20m，在接缝处局部加厚，并设止水。用作阻滑板的钢筋混凝土铺盖，在垂直水流流向仅有施工缝，不设沉降缝。

（2）板桩

板桩长度视地基透水层的厚度而定。当透水层较薄时，可用板桩截断，并插入不透水层至少1.0m；若不透水层埋藏很深，则板桩的深度一般采用0.6~1.0倍水头。用作板桩的材料有木材、钢筋混凝土及钢材三种。

板桩与闸室底板的连接形式有两种，一种是把板桩紧靠底板前缘，顶部嵌入黏土铺盖一定深度；另一种是把板桩顶部嵌入底板底面特设的凹槽内，桩顶填塞可塑性较大的不透水材料。前者适用于闸室沉降量较大、而板桩尖已插入坚实土层的情况；后者则适用于闸室沉降量小，而板桩桩尖未达到坚实土层的情况。

（3）齿墙

闸底板的上、下游端一般均设有浅齿墙，用来增强闸室的抗滑稳定，并可延长渗径。齿墙深一般在1.0m左右。

（4）其他防渗设施

垂直防渗设施在我国有较大进展，就地浇筑混凝土防渗墙、灌注式水泥砂浆帷幕以及用高压旋喷法构筑防渗墙等方法已成功地用于水闸建设。

（5）排水及反滤层

排水一般采用粒径1~2cm的卵石、砾石或碎石平铺在护坦和浆砌石海漫的底部，或伸入底板下游齿墙稍方，厚约0.2~0.3m。在排水与地基接触处（即渗流出口附近）容易发生渗透变形，应做好反滤层。

（四）水闸的消能防冲设施与布置

水闸泄水时，部分势能转为动能，流速增大，而土质河床抗冲能力低，所以，闸下冲刷是一个普遍的现象。为了防止下泄水流对河床的有害冲刷，除了加强运行管理外，还必须采取必要的消能、防冲等工程措施。水闸的消能防冲设施有下列主要形式。

1. 底流消能工

平原地区的水闸，由于水头低，下游水位变幅大，一般都采用底流式消能。消力池是水闸的主要消能区域。

底流消能工的作用是通过在闸下产生一定淹没度的水跃来保护水跃范围内的河床

免遭冲刷。

当尾水深度不能满足要求时,可采取降低护坦高程;在护坦末端设消力坎;既降低护坦高程又建消力坎等措施形成消力池。有时还可在护坦上设消力墩等辅助消能工。

消力池布置在闸室之后,池底与闸室底板之间,用1:3~1:4的斜坡连接。为防止产生波状水跃,可在闸室之后留一水平段,并在其末端设置一道小槛;为防止产生折冲水流,还可在消力池前端设置散流墩。如果消力池深度不大(1.0m左右),常把闸门后的闸室底板用1:3的坡度降至消力池底的高程,作为消力池的一部分。

消力池末端一般布置尾槛,用以调整流速分布,减小出池水流的底部流速,且可在槛后产生小横轴旋滚,防止在尾槛后发生冲刷,并有利于平面扩散和消减下游边侧回流。

在消力池中除尾坎外,有时还设有消力墩等辅助消能工,用以使水流受阻,给水流以反力,在墩后形成涡流,加强水跃中的紊流扩散,从而达到稳定水跃,减小和缩短消力池深度和长度的作用。

消力墩可设在消力池的前部或后部,但消能作用不同。消力墩可做成矩形或梯形,设两排或三排交错排列,墩顶应有足够的淹没水深,墩高约为跃后水深的1/5~1/3。在出闸水流流速较高的情况下,宜采用设在后部的消力墩。

2. 海漫

护坦后设置海漫等防冲加固设施,以使水流均匀扩散,并将流速分布逐步调整到接近天然河道的水流形态。

一般在海漫起始段做5~10m长的水平段,其顶面高程可与护坦齐平或在消力池尾坎顶以下0.5m左右,水平段后做成不陡于1:10的斜坡,以使水流均匀扩散,调整流速分布,保护河床不受冲刷。

对海漫的要求:表面有一定的粗糙度,以利于进一步消除余能;具有一定的透水性,以便使渗水自由排出,降低扬压力;具有一定的柔性,以适应下游河床可能的冲刷变形。

常用的海漫结构有以下几种:干砌石海漫、浆砌石海漫、混凝土板海漫、钢丝石笼海漫及其他形式海漫。

3. 防冲槽及末端加固

为保证安全和节省工程量,常在海漫末端设置防冲槽、防冲墙或采用其他加固设施。

(1)防冲槽

在海漫末端预留足够的粒径大于30cm的石块,当水流冲刷河床,冲刷坑向预计的深度逐渐发展时,预留在海漫末端的石块将沿冲刷坑的斜坡陆续滚下,散铺在冲坑的上游斜坡上,自动形成护面,使冲刷不再向上扩展。

(2) 防冲墙

防冲墙有齿墙、板桩、沉井等形式。齿墙的深度一般为 1～2m，适用于冲坑深度较小的工程。如果冲深较大，河床为粉、细砂时，则采用板桩、井柱或沉井。

4. 翼墙与护坡

在与翼墙连接的一段河岸，由于水流流速较大和回流漩涡，需加做护坡。护坡在靠近翼墙处常做成浆砌石的，然后接以干砌石的，保护范围稍长于海漫，包括预计冲刷坑的侧坡。干砌石护坡每隔 6～10m 设置混凝土埂或浆砌石梗一道，其断面尺寸约为 30cm×60cm。在护坡的坡脚以及护坡与河岸土坡交接处应做一深 0.5m 的齿墙，以防回流淘刷和保护坡顶。护坡下面需要铺设厚度各为 10cm 的卵石及粗砂垫层。

（五）闸室的布置和构造

闸室由底板、闸墩、闸门、胸墙、交通桥及工作桥等组成。其布置应考虑分缝及止水。

1. 底板

常用的闸室底板有水平底板和反拱底板两种类型。

对多孔水闸，为适应地基不均匀沉降和减小底板内的温度应力，需要沿水流方向用横缝（温度沉降缝）将闸室分成若干段，每个闸段可为单孔、两孔或三孔。

横缝设在闸墩中间，闸墩与底板连在一起的，称为整体式底板。整体式底板闸孔两侧闸墩之间不会出现过大的不均匀沉降，对闸门启闭有利，用得较多。整体式底板常用实心结构；当地基承载力较差，如只有 30～40kPa 时，则需考虑采用刚度大、重量轻的箱式底板。

在坚硬、紧密或中等坚硬、紧密的地基上，单孔底板上设双缝，将底板与闸墩分开的，称为分离式底板。分离式底板闸室上部结构的重量将直接由闸墩或连同部分底板传给地基。底板可用混凝土或浆砌块石建造，当采用浆砌块石时，应在块石表面再浇一层厚约 15cm、强度等级为 C15 的混凝土或加筋混凝土，以使底板表面平整并具有良好的防冲性能。

如地基较好，相邻闸墩之间不致出现不均匀沉降的情况下，还可将横缝设在闸孔底板中间。

2. 闸墩

如闸墩采用浆砌块石，为保证墩头的外形轮廓，并加快施工进度，可采用预制构件。大、中型水闸因沉降缝常设在闸墩中间，故墩头多采用半圆形，有时也采用流线型闸墩。

有些地区采用框架式闸墩。这种形式既可节约钢材，又可降低造价。

3. 闸门

闸门在闸室中的位置与闸室稳定、闸墩和地基应力以及上部结构的布置有关。平面闸门一般设在靠上游侧，有时为了充分利用水重，也可移向下游侧。弧形闸门为不使闸墩过长，需要靠上游侧布置。

平面闸门的门槽深度决定于闸门的支承形式，检修门槽与工作门槽之间应留有1.0～3.0m净距，以便检修。

4. 胸墙

胸墙一般做成板式或梁板式。板式胸墙适用于跨度小于5.0m的水闸。

墙板可做成上薄下厚的楔形板。跨度大于5.0m的水闸可采用梁板式，由墙板、顶梁和底梁组成。当胸墙高度大于5.0m，且跨度较大时，可增设中梁及竖梁构成肋形结构。

胸墙的支承形式分为简支和固结式两种。简支胸墙与闸墩分开浇筑，缝间涂沥青；也可将预制墙体插入闸墩预留槽内，做成活动胸墙。固结式胸墙与闸墩同期浇筑，胸墙钢筋伸入闸墩内，形成刚性连接，截面尺寸较小，可以增强闸室的整体性，但受温度变化和闸墩变位影响，容易在胸墙支点附近的迎水面产生裂缝。整体式底板可用固结式，分离式底板多用简支式。

5. 交通桥及工作桥

交通桥一般设在水闸下游一侧，可采用板式、梁板式或拱形结构。为了安装闸门启闭机和便于操作管理，需要在闸墩上设置工作桥。小型水闸的工作桥一般采用板式结构；大、中型水闸多采用装配式梁板结构。

6. 分缝方式及止水设备

（1）分缝方式与布置

为了防止和减少由于地基不均匀沉降、温度变化和混凝土干缩引起底板断裂和裂缝，对于多孔水闸需要沿轴线每隔一定距离设置永久缝。缝距不宜过大或过小。

整体式底板的温度沉降缝设在闸墩中间，一孔、二孔或三孔成为一个独立单元。靠近岸边，为了减轻墙后填土对闸室的不利影响，特别是当地质条件较差时，最好采用单孔，再接二孔或三孔的闸室。若地基条件较好，也可将缝设在底板中间或在单孔底板上设双缝。

为避免相邻结构由于荷重相差悬殊产生不均匀沉降，也要设缝分开，如铺盖与底板、消力池与底板以及铺盖、消力池与翼墙等连接处都要分别设缝。此外，混凝土铺盖及消力池本身也需设缝分段、分块。

（2）止水设备

止水分铅直止水及水平止水两种。前者设在闸墩中间，边墩与翼墙间以及上游翼墙本身；后者设在铺盖、消力池与底板和翼墙、底板与闸墩间以及混凝土铺盖及消力池本身的温度沉降缝内。

（六）水闸与两岸的连接建筑物的形式和布置

水闸与两岸的连接建筑物主要包括边墩（或边墩和岸墙）、上、下游翼墙和防渗刺墙，其布置应考虑防渗、排水设施。

1. 边墩和岸墙

建在较为坚实地基上、高度不大的水闸，可用边墩直接与两岸或土坝连接。边墩与闸底板的连接，可以是整体式或分离式的，视地基条件而定。边墩可做成重力式、悬臂式或扶壁式。

在闸身较高且地基软弱的条件下，如仍用边墩直接挡土，则由于边墩与闸身地基所受的荷载相差悬殊，可能产生较大的不均匀沉降，影响闸门启闭，在底板内引起较大的应力，甚至产生裂缝。此时，可在边墩背面设置岸墙。边墩与岸墙之间用缝分开，边墩只起支承闸门及上部结构的作用，而土压力则全部由岸墙承担。岸墙可做成悬臂式、扶壁式、空箱式或连拱式。

2. 翼墙

上游翼墙的平面布置要与上游进水条件和防渗设施相协调，上端插入岸坡，墙顶要超出最高水位至少 0.5~1.0m。当泄洪过闸落差很小，流速不大时，为减小翼墙工程量，墙顶也可淹没在水下。如铺盖前端设有板桩，还应将板桩顺翼墙底延伸到翼墙的上游端。

根据地基条件，翼墙可做成重力式、悬臂式、扶臂式或空箱式等形式。在松软地基上，为减小边荷载对闸室底板的影响，在靠近边墩的一段，宜用空箱式。

常用的翼墙布置有曲线式、扭曲面式、斜降式等几种形式。

对边墩不挡土的水闸，也可不设翼墙，采用引桥与两岸连接，在岸坡与引桥桥墩间设固定的挡水墙。在靠近闸室附近的上、下游两侧岸坡采用钢筋混凝土、混凝土或浆砌块石护坡，再向上、下游延伸接以块石护坡。

3. 刺墙

当侧向防渗长度难以满足要求时，可在边墩后设置插入岸坡的防渗刺墙。有时为防止在填土与边墩、翼墙接触面间产生集中渗流，也可做一些短的刺墙。

4. 防渗、排水设施

两岸防渗布置必须与闸底地下轮廓线的布置相协调。要求上游翼墙与铺盖以及翼墙插入岸坡部分的防渗布置，在空间上连成一体。若铺盖长于翼墙，在岸坡上也应设铺盖，或在伸出翼墙范围的铺盖侧部加设垂直防渗设施。

在下游翼墙的墙身上设置排水设施，形式有排水孔、连续排水垫层。

二、水闸主体结构的施工技术

水闸主体结构施工主要包括闸身上部结构预制构件的安装以及闸底板、闸墩、止水设施和门槽等方面的施工内容。

为了尽量减少不同部位混凝土浇筑时的相互干扰，在安排混凝土浇筑施工次序时，可从以下几个方面考虑：

（1）先深后浅。先浇深基础，后浇浅基础，以避免浅基础混凝土产生裂缝。（2）先重后轻。荷重较大的部位优先浇筑，待其完成部分沉陷后，再浇相邻荷重较小的部位，以减小两者之间的不均匀沉陷。（3）先主后次。优先浇筑上部结构复杂、工种多、工序时间长、对工程整体影响大的部位或浇筑块。（4）穿插进行。在优先安排主要关键项目、部位的前提下，见缝插针，穿插安排一些次要、零星的浇筑项目或部位。

（一）底板施工

水闸底板有平底板与反拱底板两种，平底板为常用底板。这两种闸底板虽都是混凝土浇筑，但施工方法并不一样，下面分别予以介绍。平底板的施工总是先于墩墙，而反拱底扳的施工，一般是先浇墩墙，预留联结钢筋，待沉陷稳定后再浇反拱底板。

1. 平底板的施工

（1）浇注块划分

混凝土水闸常由沉降缝和温度缝分为许多结构块，施工时应尽量利用结构缝分块。当永久缝间距很大，所划分的浇筑块面积太大，以致混凝土拌和运输能力或浇筑能力满足不了需要时，则可设置一些施工缝，将浇筑块面积划小些。浇注块的大小，可根据施工条件，在体积、面积及高度三个方面进行控制。

（2）混凝土浇筑

闸室地基处理后，软基上多先铺筑素混凝土垫层8～10cm，以保护地基，找平基面。浇筑前先进行扎筋、立模、搭设仓面脚手架和清仓等工作。

浇筑底板时，运送混凝土入仓的方法很多。可以用载重汽车装载立罐通过履带式起重机吊运入仓，也可以用自卸汽车通过卧罐、履带式起重机入仓。采用上述两种方法时，都不需要在仓面搭设脚手架。

一般中小型水闸采用手推车或机动翻斗车等运输工具运送混凝土入仓，且需在仓面设脚手架。

水闸平底板的混凝土浇筑，一般采用平层浇筑法。但当底板厚度不大，拌和站的生产能力受到限制时，亦可采用斜层浇筑法。

底板混凝土的浇筑，一般先浇上、下游齿墙，然后再从一端向另一端浇筑。当底板混凝土方量较大，且底板顺水流长度在 12m 以内时，可安排两个作业组分层浇筑。首先两组同时浇筑下游齿墙，待齿墙浇平后，将第二组调至上游齿墙，另一组自下游向上游开浇第一坯底板。上游齿墙组浇完，立即调到下游开浇第二坯，而第一坯组浇完又调头浇第三坯。这样交替连环浇注可缩短每坯间隔时间，加快进度，避免产生冷缝。

钢筋混凝土底板，往往有上下两层钢筋。在进料口处，上层钢筋易被砸变形。故开始浇筑混凝土时，该处上层钢筋可暂不绑扎，待混凝土浇筑面将要到达上层钢筋位置时，再进行绑扎，以免因校正钢筋变形延误浇筑时间。

2. 反拱底板的施工

（1）施工程序

由于反拱底板对地基的不均匀沉陷反应敏感，因此必须注意施工程序。目前采用的有下述两种方法。

（2）施工要点

第一，由于反拱底板采用土模，因此必须做好基坑排水工作。尤其是沙土地基，不做好排水工作，拱模控制将很困难。

第二，挖模前将基土夯实，再按设计要求放样开挖；土模挖好后，在其上先铺一层约 10cm 厚的砂浆，具有一定强度后加盖保护，以待浇筑混凝土。

第三，采用第一种施工程序，在浇筑岸、墩墙底板时，应将接缝钢筋一头埋在岸、墩墙底板之内，另一头插入土模中，以备下一阶段浇入反拱底板。岸、墩墙浇筑完毕后，应尽量推迟底板的浇筑，以便岸、墩墙基础有更多的时间沉实。反拱底板尽量在低温季节浇筑，以减小温度应力，闸墩底板与反拱底板的接缝按施工缝处理，以保证其整体性。

第四，当采用第二种施工程序时，为了减少不均匀沉降对整体浇筑的反拱底板的不利影响，可在拱脚处预留一缝，缝底设临时铁皮止水，缝顶设"假铰"，待大部分上部结构荷载施加以后，便在低温期用二期混凝土封堵。

第五，为了保证反拱底板的受力性能，在拱腔内浇筑的门槛、消力坎等构件，需在底板混凝土凝固后浇筑二期混凝土，且不应使两者成为一个整体。

（二）闸墩施工

由于闸墩高度大、厚度小，门槽处钢筋较密，闸墩相对位置要求严格，所以闸墩的立模与混凝土浇筑是施工中的主要难点。

1. 闸墩模板安装

为使闸墩混凝土一次浇筑达到设计高程，闸墩模板不仅要有足够的强度，而且要有足够的刚度。所以闸墩模板安装以往采用"铁板螺栓、对拉撑木"的立模支撑方法。此法虽需耗用大量木材（对于木模板而言）和钢材，工序繁多，但对中小型水闸施工仍较为方便。有条件的施工单位，在闸墩混凝土浇筑中逐渐采用翻模施工方法。

（1）"铁板螺栓、对拉撑木"的模板安装

立模前，应准备好固定模板的销螺栓及空心钢管等。常用的销螺栓有两种形式：一种是两端都车螺纹的圆钢；另一种是一端带螺纹另一端焊接上一块5mm×40mm×400mm 的扁铁的螺栓，扁铁上钻两个圆孔，以便将其固定在对拉撑木上。空心圆管可用长度等于闸墩厚度的毛竹或混凝土空心撑头。

闸墩立模时，其两侧模板要同时相对进行。先立平直模板，后立墩头模板。在闸底板上架立第一层模板时，必须保持模板上口水平。在闸墩两侧模板上，每隔1m 左右钻与螺栓直径相应的圆孔，并于模板内侧对准圆孔撑以毛竹或混凝土撑头，然后将螺栓穿入，且两头穿出横向围图和竖向围图，然后用螺帽固定在竖向围图上。铁板螺栓带扁铁的的一端与水平拉撑木相接，与两端均车螺丝的螺栓相间布置。

（2）翻模施工

翻模施工法立模时一次至少立三层，当第二层模板内混凝土浇至腰箍下缘时，第一层模板内腰箍以下部分的混凝土须达到脱模强度，这样便可拆掉第一层，去架立第四层模板，并绑扎钢筋。依次类推，保持混凝土浇筑的连续性，以避免产生冷缝。

2. 混凝土浇筑

闸墩模板立好后，随即进行清仓工作。清仓用高压水冲洗模板内侧和闸墩底面，污水则由底层模板的预留孔排出，清仓完毕堵塞小孔后，即可进行混凝土浇筑。闸墩混凝土的浇筑，主要是解决好两个问题，一是每块底板上闸墩混凝土的均衡上升；二是流态混凝土的入仓方式及仓内混凝土的铺筑方法。

当落差大于2m 时，为防止流态混凝土下落产生离析，应在仓内设置溜管，可每隔2～3m 设置一组。仓内可把浇筑面分划成几个区段，分段进行浇筑。每坯混凝土厚度可控制在30cm 左右。

(三)止水设施的施工

为了适应地基的不均匀沉降和伸缩变形,在水闸设计中均设置温度缝与沉陷缝,并常用沉陷缝代温度缝作用。缝有铅直和水平的两种,缝宽一般为 1.0~2.5cm。缝中填料及止水设施,在施工中应按设计要求确保质量。

1. 沉陷缝填料的施工

沉陷缝的填充材料,常用的有沥青油毛毡、沥青杉木板及泡沫板等多种。填料的安装有两种方法。

一种是先将填料用铁钉固定在模板内侧后,再浇混凝土,拆模后填料即粘在混凝土面上,然后再浇另一侧混凝土,填料即牢固地嵌入沉降缝内。如果沉陷缝两侧的结构需要同时浇灌,则沉陷缝的填充材料在安装时要竖立平直,浇筑时沉陷缝两侧流态混凝土的上升高度要一致。

另一种是先在缝的一侧立模浇混凝土,并在模板内侧预先钉好安装填充材料的长铁钉数排,并使铁钉的 1/3 留在混凝土外面,然后安装填料、敲弯铁尖,使填料固定在混凝土面上,再立另一侧模板和浇混凝土。

2. 止水的施工

凡是位于防渗范围内的缝,都有止水设施,止水包括水平止水和垂直止水,常用的有止水片和止水带。

(四)门槽二期混凝土施工

采用平面闸门的中小型水闸,在闸墩部位都设有门槽。为了减小闸门的启闭力及闸门封水,门槽部分的混凝土中埋有导轨等铁件,如滑动导轨、主轮、侧轮及反轮导轨、止水座等。这些铁件的埋设可采取预埋及留槽后浇混凝土两种方法。小型水闸的导轨铁件较小,可在闸墩立模时将其预先固定在模板的内侧。闸墩混凝土浇筑时,导轨等铁件即浇入混凝土中。由于大、中型水闸导轨较大、较重,在模板上固定较为困难,宜采用预留槽后浇二期混凝土的施工方法。

1. 门槽垂直度控制

门槽及导轨必须铅直无误,所以在立模及浇筑过程中应随时用吊锤校正。校正时,可在门槽模板顶端内侧钉一根大铁钉(钉入 2/3 长度),然后把吊锤系在铁钉端部,待吊锤静止后,用钢尺量取上部与下部吊锤线到模板内侧的距离,如相等则该模板垂直,否则按照偏斜方向予以调正。

2. 门槽二期混凝土浇筑

在闸墩立模时，于门槽部位留出较门槽尺寸大的凹槽。闸墩浇筑时，预先将导轨基础螺栓按设计要求固定于凹槽的侧壁及正壁模板，模板拆除后基础螺栓即埋入混凝土中。

导轨安装前，要对基础螺栓进行校正，安装过程中必须随时用垂球进行校正，使其铅直无误。导轨就位后即可立模浇筑二期混凝土。

闸门底槛设在闸底板上，在施工初期浇筑底板时，若铁件不能完成，亦可在闸底板上留槽以后浇二期混凝土。

浇筑二期混凝土时，应采用较细骨料混凝土，并细心捣实，不要振动已装好的金属构件。门槽较高时，不要直接从高处下料，可以分段安装和浇筑。二期混凝土拆模后，应对埋件进行复测，并作好记录，同时检查混凝土表面尺寸，清除遗留的杂物、钢筋头，以免影响闸门启闭。

3. 弧形闸门的导轨安装及二期混凝土浇筑

弧形闸门的启闭是绕水平轴转动，转动轨迹由支臂控制，所以不设门槽，但为了减小启闭门力，在闸门两侧亦设置转轮或滑块，因此也有导轨的安装及二期混凝土施工。

为了便于导轨的安装，在浇筑闸墩时，根据导轨的设计位置预留 20cm×80cm 的凹槽，槽内埋设两排钢筋，以便用焊接方法固定导轨。安装前应对预埋钢筋进行校正，并在预留槽两侧，设立垂直闸墩侧面并能控制导轨安装垂直度的若干对称控制点。安装时，先将校正好的导轨分段与预埋的钢筋临时点焊接数点，待按设计坐标位置逐一校正无误，并根据垂直平面控制点，用样尺检验调整导轨垂直度后，再电焊牢固，最后浇二期混凝土。

三、闸门的安装方法

闸门是水工建筑物的孔口上用来调节流量，控制上下游水位的活动结构。它是水工建筑物的一个重要组成部分。

闸门主要由三部分组成：主体活动部分，用以封闭或开放孔口，通称闸门或门叶；埋固部分，是预埋在闸墩、底板和胸墙内的固定件，如支承行走埋设件、止水埋设件和护砌埋设件等；启闭设备，包括连接闸门和启闭机的螺杆或钢丝绳索和启闭机等。

闸门按其结构形式可分为平面闸门、弧形闸门及人字闸门三种。闸门按门体的材料可分为钢闸门、钢筋混凝土或钢丝水泥闸门、木闸门及铸铁闸门等。

所谓闸门安装是将闸门及其埋件装配、安置在设计部位。由于闸门结构的不同，各种闸门的安装，如平面闸门安装、弧形闸门安装、人字闸门安装等，略有差异，但一般可分为埋件安装和门叶安装两部分。

（一）平面闸门安装

平面钢闸门的闸门主要由面板、梁格系统、支承行走部件、止水装置和吊具等组成。

1. 埋件安装

闸门的埋件是指埋设在混凝土内的门槽固定构件，包括底槛、主轨、侧轨、反轨和门楣等。安装顺序一般是设置控制点线，清理、校正预埋螺栓，吊入底槛并调整其中心、高程、里程和水平度，经调整、加固、检查合格后，浇筑底槛二期混凝土。设置主、反、侧轨安装控制点，吊装主轨、侧轨、反轨和门楣并调整各部件的高程、中心、里程、垂直度及相对尺寸，经调整、加固、检查合格，分段浇筑二期混凝土。二期混凝土拆模后，复测埋件的安装精度和二期混凝土槽的断面尺寸，超出允许误差的部位需进行处理，以防闸门关闭不严、出现漏水或启闭时出现卡阻现象。

2. 门叶安装

如门叶尺寸小，则在工厂制成整体运至现场，经复测检查合格，装上止水橡皮等附件后，直接吊入门槽。如门叶尺寸大，由工厂分节制造，运到工地后，在现场组装。

3. 闸门启闭试验

闸门安装完毕后，需作全行程启闭试验，要求门叶启闭灵活无卡阻现象，闸门关闭严密，漏水量不超过允许值。

（二）弧形闸门安装

弧形闸门由弧形面板、梁系和支臂组成。弧形闸门的安装，根据其安装高低位置不同，分为露顶式弧形闸门安装和潜孔式闸门安装。

1. 露顶式弧形闸门安装

露顶式弧形闸门包括底槛、侧止水座板、侧轮导板、铰座和门体。安装顺序：

（1）在一期混凝土浇筑时预埋铰座基础螺栓，为保证铰座的基础螺栓安装准确，可用钢板或型钢将每个铰座的基础螺栓组焊在一起，进行整体安装、调整、固定。（2）埋件安装，先在闸孔混凝土底板和闸墩边墙上放出各埋件的位置控制点，接着安装底槛、侧止水导板、侧轮导板和铰座，并浇筑二期混凝土。（3）门体安装，有分件安装和整体安装两种方法。分件安装是先将铰链吊起，插入铰座，于空间穿轴，再吊支臂用螺栓与铰链连接；也可先将铰链和支臂组成整体，再吊起插入铰座进行穿轴；若起吊能力许可,可在地面穿轴后,再整体吊入。2个直臂装好后,将其调至同一高程,再将面板分块装于支臂上,调整合格后,进行面板焊接和将支臂端部与面板相连的连接板焊好。门体装完后起落2次,使其处于自由状态,然后安装侧止水橡皮.补刷油漆,最后再启闭弧门检查有无卡阻和止水不严现象。整体安装是在闸室附近搭设的组装平台上进行,将2个已分别与铰链连接的支臂按设计尺寸用撑杆连成一体,再于支臂上逐个吊装面板.将整个面板焊好,经全面检查合格,拆下面板,将2个支臂整体运入闸室,吊起插入铰座,进行穿轴,而后吊装面板。此法一次起吊重量大,2个支臂组装时,其中心距要严格控制,否则会给穿轴带来困难。

2. 潜孔式弧形闸门安装。

设置在深孔和隧洞内的潜孔式弧形闸门,顶部有混凝土顶板和顶止水,其埋件除与露顶式相同的部分外,一般还有铰座钢梁和顶门楣。安装顺序:

(1)铰座钢梁宜和铰座组成整体,吊入二期混凝土的预留槽中安装。(2)埋件安装。深孔弧形闸门是在闸室内安装,故在浇筑闸室一期混凝土时,就需将锚钩埋好。(3)门体安装方法与露顶式弧形闸门的基本相同,可以分体装,也可整体装。门体装完后要起落数次,根据实际情况,调整顶门楣,使弧形闸门在启闭过程中不发生卡阻现象,同时门楣上的止水橡皮能和面板接触良好,以免启闭过程中门叶顶部发生涌水现象。调整合格后,浇筑顶门楣二期混凝土。④为防止闸室混凝土在流速高的情况下发生空蚀和冲蚀,有的闸室内壁设钢板衬砌。钢衬可在二期混凝土安装,也可在一期混凝土时安装。

3. 人字闸门安装

人字闸门由底枢装置、顶枢装置、支枕装置、止水装置和门叶组成。人字闸门分埋件和门叶两部分进行安装。

(1)埋件安装

包括底枢轴座、顶枢埋件、枕座、底槛和侧止水座板等。其安装顺序:设置控制点,校正预埋螺栓,在底枢轴座预埋螺栓上加焊调节螺栓和垫板。将埋件分别布置在不同位置,根据已设的控制点进行调整,符合要求后,加固并浇筑二期混凝土。为保证底止水安装质量,在门叶全部安装完毕后,进行启闭试验时安装底槛,安装时以门叶实际位置为基准,并根据门叶关闭后止水橡皮的压缩程度适当调整底槛,合格后浇筑二期混凝土。

(2)门叶安装

首先在底枢轴座上安装半圆球轴(蘑菇头),同时测出门叶的安装位置,一般设置在与闸门全开位置呈120°~130°的夹角处。门叶安装时需有2个支点,底枢半圆球轴为一支点，在接近斜接柱的纵梁隔板处用方木或型钢铺设另一临时支点。根据门叶大小、运输条件和现场吊装能力，通常采用整体吊装、现场组装和分节吊装等三种安装方法。

四、启闭机的安装方法

在水工建筑物中，专门用于各种闸门开启与关闭的起重设备称为闸门启闭机。将启闭闸门的起重设备装配、安置在设计确定部位的工程称作闸门启闭机安装。

闸门启闭机安装分固定式和移动式启闭机安装两类。固定式启闭机主要用于工作闸门和事故闸门，每扇闸门配备1台启闭机，常用的有卷扬式启闭机、螺杆式启闭机和液压式启闭机等几种。移动式启闭机可在轨道上行走，适用于操作多孔闸门，常用的有门式、台式和桥式等几种。

（一）大型固定式启闭机的一般安装程序：

①埋设基础螺栓及支撑垫板。②安装机架。③浇筑基础二期混凝土。④在机架上安装提升机构。⑤安装电气设备和安保元件。⑥联结闸门作启闭机操作试验，使各项技术参数和继电保护值达到设计要求。

（二）移动式启闭机的一般安装程序：

①埋设轨道基础螺栓。②安装行走轨道，并浇筑二期混凝土。③在轨道上安装大车构架及行走台车。④在大车梁上安装小车轨道、小车架、小车行走机构和提升设备。⑤安装电气设备和安保元件。⑥进行空载运行及负荷试验，使各项技术参数和继电保护值达到设计要求。

1. 固定式启闭机的安装

（1）卷扬式启闭机的安装

卷扬式启闭机由电动机、减速箱、传动轴和绳鼓所组成。卷扬式启闭机是由电力或人力驱动减速齿轮，从而驱动缠绕钢丝绳的绳鼓，借助绳鼓的转动，收放钢丝绳使闸门升降。

（2）螺杆式启闭机安装

螺杆式启闭机是中小型平面闸门普遍采用的启闭机。它由摇柄、主机和螺栓组成。螺杆的下端与闸门的吊头连接，上端利用螺杆与承重螺母相扣合。当承重螺母通过与其连接的齿轮被外力（电动机或手摇）驱动而旋转时，它驱动螺杆作垂直升降运动，从而启闭闸门。

安装过程包括基础埋件的安装、启闭机安装、启闭机单机调试、启闭机负荷试验。

安装前，首先检查启闭机各传动轴，轴承及齿轮的转动灵活性和啮合情况，着重检查螺母螺纹的完整性，必要时应进行妥善处理。

检查螺杆的平直度，每米长弯曲超过 0.2mm 或有明显弯曲处可用压力机进行机械校直。螺杆螺纹容易碰伤，要逐圈进行检查和修正。无异状时，在螺纹外表涂以润滑油脂，并将其拧入螺母，进行全行程的配合检查，不合适处应修正螺纹。然后整体竖立，将它吊入机架或工作桥上就位，以闸门吊耳找正螺杆下端连接孔，并进行连接。

挂一线锤，以螺杆下端头为准，移动螺杆启闭机底座，使螺杆处于垂直状态。对双吊点的螺杆式启闭机，两侧螺杆找正后，安装中间同步轴，螺杆找正和同步轴连接合格后，最后把机座固定。

对电动螺杆式启闭机，安装电动机及其操作系统后应作电动操作试验及行程限位整定等。

（3）液压式启闭机的安装

液压式启闭机由机架、油缸、油泵、阀门、管路、电机和控制系统等组成。油缸拉杆下端与闸门吊耳铰接。液压式启闭机分单向与双向两种。

液压式启闭机通常由制造厂总装并试验合格后整体运到工地，若运输保管得当，且出厂不满一年，可直接进行整体安装，否则，要在工地进行分解、清洗、检查、处理和重新装配。安装程序：①安装基础螺栓，浇筑混凝土。②安装和调整机架。③油缸吊装于机架上，调整固定。④安装液压站与油路系统。⑤滤油和充油。⑥启闭机调试后与闸门联调。

2. 移动式启闭机的安装

移动式启闭机安装在坝顶或尾水平台上，能沿轨道移动，用于启闭多台工作闸门和检修闸门。常用的移动式启闭机有门式、台式和桥式等几种。

移动式启闭机行走轨道均采取嵌入混凝土方式，先在一期混凝土中埋入基础调节螺栓，经位置校正后，安放下部调节螺母及垫板，然后逐根吊装轨道，调整轨道高程、中心、轨距及接头错位，再用上压板和夹紧螺母紧固，最后分段浇筑二期混凝土。

参考文献

[1] 曹刚，刘应雷，刘斌.现代水利工程施工与管理研究[M].长春：吉林科学技术出版社，2021.

[2] 张燕明.水利工程施工与安全管理研究[M].长春：吉林科学技术出版社，2021.

[3] 赵永前.水利工程施工质量控制与安全管理[M].郑州：黄河水利出版社，2020.09.

[4] 刘勇,郑鹏,王庆.水利工程与公路桥梁施工管理[M].长春：吉林科学技术出版社，2020.09.

[5] 闫文涛，张海东.水利工程施工与项目管理[M].长春：吉林科学技术出版社，2020.09.

[6] 张永昌，谢虹.基于生态环境的水利工程施工与创新管理[M].郑州：黄河水利出版社，2020.03.

[7] 赵建祖，姜亚，付亚军.水利工程施工与管理[M].哈尔滨：哈尔滨地图出版社，2020.01.

[8] 张鹏.水利工程施工管理[M].郑州：黄河水利出版社，2020.06.

[9] 张义.水利工程建设与施工管理[M].长春：吉林科学技术出版社，2020.09.

[10] 宋美芝，冯涛，杨见春.水利工程施工技术与管理[M].长春：吉林科学技术出版社，2020.08.

[11] 陈惠达.水利工程施工技术及项目管理[M].北京：中国原子能出版社，2020.08.

[12] 王仁龙.水利工程混凝土施工安全管理手册[M].北京：中国水利出版社，2020.09.

[13] 姬志军，邓世顺.水利工程与施工管理[M].哈尔滨：哈尔滨地图出版社，2019.08.

[14] 高喜永，段玉洁，于勉.水利工程施工技术与管理[M].长春：吉林科学技术出

版社，2019.05.

[15] 牛广伟. 水利工程施工技术与管理技术实践 [M]. 北京：现代出版社，2019.09.

[16] 陈雪艳. 水利工程施工与管理以及金属结构全过程技术 [M]. 北京：中国大地出版社，2019.09.

[17] 丁长春，冯新军，赵华林. 水利工程与施工管理 [M]. 长春：吉林科学技术出版社，2019.08.

[18] 初建. 水利工程建设施工与管理技术研究 [M]. 北京：现代出版社，2019.08.

[19] 刘明忠，田淼，易柏生. 水利工程建设项目施工监理控制管理 [M]. 北京：中国水利出版社，2019.01.

[20] 贺芳丁，刘荣钊，马成远. 水利工程施工设计优化研究 [M]. 长春：吉林科学技术出版社，2019.10.

[21] 王海雷，王力，李忠才. 水利工程管理与施工技术 [M]. 北京：九州出版社，2018.04.

[22] 高占祥. 水利工程施工项目管理 [M]. 南昌：江西科学技术出版社，2018.07.

[23] 刘学应，王建华. 水利工程施工安全生产管理 [M]. 北京：中国水利出版社，2018.06.

[24] 张平，谢事亨，袁娜娜. 水利工程施工与建设管理实务 [M]. 北京：现代出版社，2018.10.

[25] 王东升，徐培蓁. 水利工程施工安全生产技术 [M]. 徐州：中国矿业大学出版社，2018.04.

[26] 蔡松桃. 水利工程施工现场监理机构工作概要 [M]. 郑州：黄河水利出版社，2018.06.

[27] 梁建林，高秀清，费成效. 全国水利行业规划教材水利工程施工组织与管理第3版 [M]. 郑州：黄河水利出版社，2017.07.

[28] 何俊，韩冬梅，陈文江. 水利工程造价 [M]. 武汉：华中科技大学出版社，2017.09.

[29] 林彦春，周灵杰，张继宇. 水利工程施工技术与管理 [M]. 郑州：黄河水利出版社，2016.12.

[30] 芈书贞，卢治元，吕杰. 水利工程施工组织与管理 [M]. 北京：中国水利出版社，2016.06.